GANZHEITLICH HEILEN

Buch

Energie auftanken und sich vor Kraftverlust schützen: Dr. Keeney stellt eine unkomplizierte Methode vor, um wieder munter und gesund zu werden und es zu bleiben. Wir schwimmen zwar in einem Ozean von Lebensenergie, aber die wenigsten Menschen wissen, wie sie Energieverluste schnell und direkt ausgleichen können.

Dr. Keeneys Methode basiert auf einfachen, zum Teil improvisierten Bewegungen, die den Übenden in einen Zustand der Entspannung und Empfänglichkeit versetzen. Diese Form der Aufladung durch Bewegung entspricht einer natürlichen menschlichen Reaktion, die die meisten Erwachsenen jedoch verlernt haben. Spezielle Bewegungen lassen den Menschen wieder in Harmonie kommen und im Rhythmus mit seiner Umwelt schwingen. In diesem Zustand fließen jedem auf natürliche Weise Kräfte zu.

Autor

Dr. Bradford Keeney war als Familientherapeut tätig und hat über Familientherapie einige bekannte wissenschaftliche und populäre Bücher verfaßt. Heute beschäftigt er sich vor allem mit Methoden der Energiearbeit. Er lebt in Minnesota, USA.

BRADFORD KEENEY

AUTOKINETIK

Energie für den ganzen Tag
innerhalb von 10 Minuten

Aus dem Amerikanischen
von Rita Höner

GANZHEITLICH HEILEN

GOLDMANN

Die Originalausgabe erschien
unter dem Titel »The Energy Break«
bei Golden Books Publishing Co. Inc., New York

Deutsche Erstausgabe

Umwelthinweis:
Alle bedruckten Materialien
dieses Taschenbuchs sind chlorfrei
und umweltschonend.

Deutsche Erstausgabe November 1998
© 1998 der deutschsprachigen Ausgabe
Wilhelm Goldmann Verlag, München
in der Verlagsgruppe Bertelsmann GmbH
© 1998 der Originalausgabe Bradford Kenney
Umschlaggestaltung: Design Team München
Umschlagfoto: Premium/H. Tazawa
Satz: Uhl + Massopust, Aalen
Druck: Presse-Druck, Augsburg
Verlagsnummer: 14149
Redaktion: Ulrike Segal
WL · Herstellung: Stefan Hansen
Made in Germany
ISBN 3-442-14149-4

1 3 5 7 9 10 8 6 4 2

Für Marian und Scott

Inhalt

Einführung: Entdecken Sie das Geheimnis
        eines Lebens voller Energie 11
Kapitel 1: Warum wir müde werden 25
Kapitel 2: Die Drei-Schritte-Technik 57
Kapitel 3: Ein Leben voller Energie beginnen 95
Kapitel 4: Die 12 häufigsten Fragen, die zur
        Autokinetik gestellt werden 169
Kapitel 5: Die Lebensenergie im Spiegel alter
        und neuer Traditionen 177
Literaturempfehlungen 222

Danksagungen

Ich danke allen Lehrern und Heilern traditioneller Völker auf der ganzen Welt, die mich gelehrt haben, wie man die universelle Lebenskraft in den Alltag einbeziehen kann. Sie haben mich dazu ermutigt, dieses Wissen mit Ihnen zu teilen. Ich tue das voller Begeisterung und Respekt für die Kulturen, die diese Energieübungen seit Tausenden von Jahren bewahrt haben. Insbesondere gilt mein Dank den Buschmännern der Kalahari, die mich in ihre Familie aufgenommen haben; den Ältesten der Guarani, die diese Arbeit angeordnet haben; Vusumazulu Credo Mutwa, dem Hohen Sanusi der Zulu, für seine Einweihung und Unterweisung; und der großen japanischen Heilerin Ikuko Osumi, Sensei, für ihre ständige Unterstützung und Inspiration.

Besonders dankbar bin ich auch Laura Yorke, Bob Asahina, Cassie Jones und Lara Asher vom Verlag Golden Books für ihre großartige Beratung bei der Publikation dieses Buches. Außerdem danke ich meiner Literaturagentin Arielle Eckstut, den Leuten von James Levine Communications sowie meiner Sprachagentin Kitty Farmer und ihrer Kollegin Dana Roberts für ihre vielen wunderbaren Beiträge zur sprachlichen Gestaltung. Dank auch an Nancy Connor und die Ringing Rocks Foundation für alles, was sie für mich getan haben.

Danksagungen

Meiner Frau Marian und meinem Sohn Scott schließlich schulde ich Liebe und Anerkennung für ihre Geduld und ihre Begeisterung bei jedem Schritt dieser Arbeit.

Einführung
Entdecken Sie das Geheimnis eines Lebens voller Energie

Kämpfen Sie ständig gegen Müdigkeit an? Sind Sie es leid, in den entscheidenden Augenblicken Ihres Lebens nicht den Schwung zu haben, den Sie gerne hätten? Haben Sie manchmal das Gefühl, als würde Ihnen das Leben unter den Fingern zerrinnen, weil Sie nicht die Energie haben, sich voll darauf einzulassen?

Ob wir versuchen, morgens aus dem Bett zu kommen oder bei einer wichtigen geschäftlichen Besprechung wach zu bleiben, zur Beendigung einer Aufgabe unsere gesamte Konzentration mobilisieren oder uns zwingen, auf der Fahrt von der Arbeit nach Hause am Steuer nicht einzunicken – der Kampf gegen die Erschöpfung zeigt sich überall in unserem Alltag.

Als gesundheitsbewußte Generation legen wir Wert auf richtige Ernährung, körperliche Bewegung und Entspannung, aber für Vitalität und Elan sind diese Dinge noch lange keine Garantie. Wir haben gelernt, unsere Oberschenkel und unser Bäuchlein in Form zu bringen, immer weitere Strecken zu joggen und unseren Cholesterinspiegel zu senken, und trotzdem können uns Anfälle von Müdigkeit jederzeit lähmen. Wenn Sie eine stehende Tätigkeit ausüben – als Kellnerin, Fabrikarbeiter, Ärztin oder Verkäufer –, möchten Sie vielleicht wissen, wie Sie Ihr Tagespensum absolvieren können, ohne Ihren

Einführung

Schwung zu verlieren. Aber auch als Schreibtischarbeiter wissen Sie nur zu gut, daß auch sitzende Tätigkeit genauso müde machen kann. Egal, ob wir stehen oder sitzen, uns bewegen oder nicht, wir werden müde und stehen vor einem der größten Probleme unserer Zeit: Wie wir genügend Energie und Vitalität bekommen, um den Tag zu überstehen.

Dabei beansprucht nicht nur der Arbeitsplatz unsere Kraft. Wenn wir nach Hause zu unserer Familie kommen oder uns mit Freunden treffen, stellen wir oft fest, daß ein Energieschub uns ganz guttäte, um die gemeinsam verbrachte Zeit optimal nutzen zu können. Ehepartner, Freunde und insbesondere unsere Kinder können uns »schaffen«, und dieses Ausgebranntsein macht uns anfällig für Unlust und Depressionen. Gerade weil wir den Menschen, die uns am nächsten stehen, unser Bestes geben wollen, haben die meisten von uns das Gefühl, irgendeine Pause zu brauchen, die ihnen Energie und Schwung gibt und sie wieder in Bestform bringt.

Wir brauchen unbedingt mehr als eine Kaffeepause oder eine kurze Entspannung. Wir alle – Frauen und Männer, Junge und Alte – suchen im Grunde nach einer Möglichkeit, unsere Batterien einfach und schnell wiederaufzuladen: eine richtige Energiepause also.

Eine solche Möglichkeit gibt es. Es handelt sich um eine einfache Technik, die Ihnen zur Verfügung steht und die Sie auf den folgenden Seiten entdecken werden. Mit ein paar einfachen Anweisungen können Sie im Alltag neue Energie schöpfen und Ihre Schlaffheit, Ihren Energiemangel und Ihre fehlende Vitalität *in ein paar Minuten* beheben.

Ich verspreche Ihnen, daß die Anwendung dieser Methode Ihr Leben für immer verändern wird. Ich unterrichte seit fast 20 Jahren Psychotherapie und weiß, daß manche Leute nur ungern etwas Neues ausprobieren. Aber aufgrund meiner

Arbeit kann ich Ihnen versichern, daß auch Menschen, die zunächst an dieser Methode zweifelten, schließlich überrascht und erfreut feststellten, daß das Wiederaufladen ihrer Batterien praktisch keine Mühe kostet.

Was ich Ihnen zeigen möchte, erfordert weder komplizierte Denkprozesse noch eine spezielle Schulung. Die Methode ist einfach, natürlich und mühelos, und Sie können sofort damit beginnen. Sie werden entdecken, daß Sie sie seit Ihrer Geburt in sich tragen, daß sie aber verschüttet war. Ich habe die Aufgabe, Sie zu diesem natürlichen Potential zurückzuführen, damit Sie einen erfüllten Alltag erleben können.

Der Ozean der Lebensenergie

Um dieses wunderbare Geschenk zu empfangen, sollten Sie sich als erstes klarmachen, daß wir in einem Ozean universeller Lebensenergie leben. Auch wenn wir diesen Ozean nicht sehen, ist er ebenso real wie jener, in dem sich Delphine, Wale und Fische tummeln. Genauso wie das Meer enthält dieser Ozean Strömungen, Wirbel und Strudel. Aber statt aus Wasser bestehen die Ströme dieses Ozeans aus Energie, und diese Energie ist die *universelle Lebenskraft*.

Egal ob Sie am Arbeitsplatz, zu Hause oder auf dem Tennisplatz sind – der Ozean der Energie umgibt Sie ständig. Vorgesehen ist, daß Sie diese Energie regelmäßig aufnehmen, um vital zu bleiben, aber leider haben die meisten von uns vergessen, wie man das macht. Es ist so ähnlich, als würden wir jeden Tag mit einem einzigen Atemzug auskommen wollen. Stellen Sie sich vor, Sie würden morgens aufstehen, einmal tief einatmen und dann versuchen, es bis zum Schlafengehen dabei bewenden zu lassen. Obwohl das völlig unmöglich ist, gehen die meisten Menschen so mit der Lebensenergie um. Wenn sie nachts schlafen, nehmen Sie einen Atemzug Energie auf, der sie durch den nächsten Tag bringen soll, und wenn sie dann ihren Aktivitäten nachgehen, stellen sie fest, daß sie nicht unbedingt nach Luft, auf jeden Fall aber nach mehr Kraft japsen. Hören Sie auf, jeden Tag mit einem einzigen Atemzug Energie zu leben. Genauso mühelos wie das Einatmen von Luft ist die Aufnahme der für ein optimales Leben erforderlichen Energie. Ich mache Sie hier mit einer einfachen Methode bekannt, sich diese Lebenskraft zu erschließen.

Wenn wir richtig lebendig sind, fließen die Energieströme aus dem Ozean des Lebens mühelos und natürlich durch uns hindurch. Wenn sie ungehindert in uns hinein- und aus uns herausfließen, werden wir selbst zu einer Quelle des Lebens, die anderen Energie gibt – wir werden zu so etwas wie einem *Jungbrunnen*, jener unerschöpflichen Quelle jugendlicher Vitalität, die Menschen zu allen Zeiten gesucht haben. Diese lebensspendende Quelle existiert nicht in einem exotischen fremden Land; sie befindet sich in Ihrem Körper und durchströmt Sie auf wunderbare Weise mit Lebenskraft.

Das weltweite Wissen um die Lebensenergie

Seit Jahrhunderten nehmen Menschen von China bis Afrika spezielle Körperbewegungen zu Hilfe, um Lebensenergie aufzunehmen. Alle alten Kulturen der Welt haben ihren eigenen Namen für diese Lebensenergie. In China wird sie *Chi* oder *Qi* genannt, in Japan *Ki*, von den Buschmännern der Kalahari *num*, von den australischen Aborigines *tumpinyeri mooroop*, von den Indern *Prana*, von den jüdischen Kabbalisten *Yesod*, von den Christen *Heiliger Geist*, von den Sufis *Baraka*, von den Ojibway-Indianern *Manitou* und von den Hawaiianern *Ha*. Bei vielen traditionellen Völkern wird sie oft einfach als *Medizin* bezeichnet.

Als Universitätsprofessor, der viel über Psychotherapie geschrieben hat, war es mir möglich, in der Welt herumzureisen, um Vorträge zu halten und Seminare zu leiten. Auf diesen Reisen habe ich mir die Zeit genommen, einige Kulturen kennenzulernen, in denen das Heilen eine uralte Tradition hat, etwa die Kalahari-Buschmänner in Afrika und die Aborigines in Australien sowie diverse Stammesälteste der Ureinwohner von Nord- und Südamerika. Ich habe mit traditionellen Heilern, Schamanen, Medizinmännern und -frauen sowie ehrwürdigen Lehrern gearbeitet, die mich am Wesen ihrer alten Weisheit teilhaben ließen. Im Verlauf meiner Reisen habe ich bei einer der größten Heilerinnen unserer Zeit gelebt, der verehrten Lehrerin und Meisterin Ikuko Osumi, einer älteren Frau in Tokio. Zu ihren Klienten gehören viele Führungspersönlichkeiten des alten, aber auch des neuen Japan, von Meistern der alten japanischen Künste bis zu den Entscheidungsträgern von Japans führenden Industrien. Von Osumi, Sensei*, habe ich gelernt, was alle Lehrer auf der ganzen Welt als wichtigste Übung betrachten: Wie man den physischen Körper der universellen Lebenskraft öffnet, damit jeden Tag genügend Energie und Vitalität zur Verfügung steht.

Die hier vorgestellte praktische Technik geht direkt auf das Geheimnis zurück, mit der Lebenskraft zu arbeiten.

Die Beschäftigung mit diesen auf der ganzen Welt verbreiteten Heilmethoden veränderte mein Leben. Ich lernte aus er-

---

* *Sensei* ist der japanische Begriff für Lehrer bzw. Meister (Anm. d. Üb.)

ster Hand, wie man die Lebensenergie direkt erfahren, d. h., einen direkten Kontakt zu ihr halten kann. Als ich die von dieser Energiearbeit bewirkten schnellen und oft einschneidenden Veränderungen bei Klienten sah, wollte ich nur noch damit arbeiten. Ich sah mich außerstande, weiter die konventionellen Formen der Psychotherapie zu praktizieren. Ich zog mich von der Universität zurück, gab die herkömmliche Familientherapie auf und begann, andere zu lehren, die natürliche Energie des Lebens zu nutzen.

Energie kann Ihr Leben verändern

Wenn Sie tiefer in den Ozean der Lebensenergie eintauchen, werden Sie erstaunt feststellen, daß jeder Bereich Ihres Alltags neu belebt und verwandelt wird. Sie werden unter anderem

- Möglichkeiten finden, einen Energieverlust zu vermeiden
- Ihre angeborene Fähigkeit entwickeln, sich selbst zu heilen, und so die Tür zur Welt des natürlichen Heilens mit seinen unerschöpflichen Gaben öffnen
- herausfinden, warum Meditation bei manchen Leuten nicht wirkt, und entdecken, was Sie tun können, damit sie bei Ihnen wirkt
- eine neue Einstellung zum Essen entdecken und eine flexible Ernährungsweise finden, die den natürlichen Strömungen Ihres Lebens angepaßt ist
- als echte Alternative zu Ihrem täglichen Sportprogramm schmerzfreie, natürliche Körperübungen kennenlernen
- eine unerschöpfliche Quelle für die Lösung von Alltagsproblemen anzapfen

- mehr Kreativität in Ihre Alltagsaktivitäten einbringen
- Ihre persönlichen Beziehungen intensivieren, auch die intimen, und eine neue Form der Sexualität entdecken
- direkten Zugang zu den tiefsten Geheimnissen des Lebens finden.

Wenn Sie die Lebenskraft Ihr ganzes Wesen durchströmen lassen, profitieren Sie davon mehr, als wenn Sie alle möglichen Kurorte, Therapien, Medikamente und Gesundheitsprogramme dieser Welt ausprobieren. Die älteste und wirksamste Medizin ist tatsächlich, wie schon Hippokrates erkannte, die Lebenskraft selbst. Nur sie kann Ihr Leben mit Energie und Vitalität aufladen und Sie heilen. Alle Methoden und Techniken, die Ihnen irgendwie helfen, führen Ihnen auf indirekte Weise Lebenskraft zu. Mit der hier vorgestellten Alternative erreichen Sie dieses Ziel direkt.

Ein Extraschub Energie: Die Geschichte einer jungen Turnerin

Ich möchte Ihnen die Geschichte einer jungen Frau erzählen, die mir letztes Jahr vorgestellt wurde. Ihr Schicksal zeigt, daß die Lebenskraft die Sackgassen und Schwierigkeiten überwinden kann, die manchmal unseren Fortschritt hemmen.

Die Mutter dieser Frau rief mich an, eine Forscherin an der Mayo-Klinik in Rochester/Minnesota. Sie sagte, ihre Tochter sei aktive Collegeturnerin und vor ein paar Jahren am Knie operiert worden. Trotz einer Behandlung durch die besten Ärzte der Mayo-Klinik konnte sie selbst einige Zeit nach der Operation keine Rolle vorwärts mehr machen. Sie wurde in verschiedene Abteilungen der Klinik geschickt, von der Chirurgie über die Rehabilitation bis zur Psychiatrie. Unter anderem stellten ihre Therapeuten eine individuell zugeschnittene Kassette mit Visualisierungsübungen für sie zusammen, die sie sich vor ihren turnerischen Übungen anhörte. Aber egal was sie ausprobierten, nichts wirkte. Mehrere Jahre lang war sie unfähig, sich zu bewegen, sobald sie einen Salto vorwärts versuchte. Die Mayo-Klinik gab auf und schlug vor, sie solle eine alternative Methode, z. B. Hypnose, ausprobieren. Auf der Suche danach erhielten die Eltern des Mädchens den Namen der Milton-Erickson-Stiftung in Phoenix/Arizona, einem weltberühmten Zentrum für Hypnose und alternative Psychotherapie. Nachdem der Direktor der Stiftung sich ihre Geschichte angehört hatte, empfahl er ihnen, sich mit mir in Verbindung zu setzen.

Als die junge Turnerin zu mir nach Hause kam, erzählte ich ihr von der universellen Lebenskraft und demonstrierte die in Kapitel 2 beschriebene Drei-Schritte-Technik. Dann brachte ich die Lebenskraft in ihr Knie und schlug vor, sie solle ihren Körper auf eine Weise bewegen, die ihrem gesamten Wesen Lebenskraft zuführen würde. Nachdem sie dies eine Woche lang getan hatte, kam sie zu mir zurück und sagte, sie hätte die letzten acht Tage ein Prickeln in ihrem Knie gespürt und zu ihrer und der Überraschung ihres Trainers in einer Übungsstunde spontan einen doppelten Salto geschlagen. Das einwöchige »Wiederaufladen ihrer Batterien« hatte etwas bewirkt, was einer jahrelangen medizinischen Behandlung nicht gelungen war. Sie praktiziert diese einfache Technik jetzt regelmäßig und hat die Quelle gefunden, die ihr Energie gibt und ihren gymnastischen Übungen und ihrem Alltag den nötigen Schwung verleiht.

Daß die Turnerin wieder einen Salto machen konnte, war

kein Wunder. Sie bewegte sich lediglich mit den Strömungen im Ozean der Lebensenergie, und deshalb bewegten sich auch ihr Leben und ihr Körper natürlich und spontan vorwärts. Diese energetische Wiederaufladung ist jederzeit möglich.

Träumen Sie davon, im Alltag mühelos neue Höhen erklimmen zu können? Oft gestaltet sich das so, daß Sie auf ein Ziel zulaufen, unterwegs aber aufgehalten werden, weil Ihnen die Puste fehlt, um ganz an die Spitze zu kommen. Um die höchsten Höhen des Lebens zu erreichen, brauchen Sie einen Anstoß durch das Leben selbst, durch jene Kraft, die Sie zur Verwirklichung Ihrer Träume und Ambitionen führen kann.

Gestatten Sie sich eine Energiepause

Die Ihnen unbegrenzt zur Verfügung stehende Lebensenergie hilft Ihnen nicht nur beim Erreichen Ihrer wichtigsten Ziele. Sie unterstützt Sie auch bei all den nüchternen Details des Alltags. Beim Geschirrspülen, Windelnwechseln, Erledigen der Einkommensteuererklärung, bei geschäftlichen Besprechungen, Familienausflügen oder Herzensangelegenheiten – das Leben wartet darauf, daß Sie sein unendliches Reservoir beflügelnder Energie anzapfen. Es ist an der Zeit, daß Sie nicht nur eine Kaffee- oder Teepause einlegen. Gestatten Sie sich *Energiepausen* und erleben Sie, wie zufrieden es macht, die Müdigkeitsbarriere zu überwinden. Entdecken Sie, wie einfach und natürlich es ist, Energie in Ihr Leben zu bringen und jeden Tag mit neuer Vitalität zu leben.

Ich habe Geschäftsleute gelehrt, wie sie sich vor einem Verkaufsgespräch energetisch »aufladen« können. Wenn sie voller Energie sind, geht ein natürliches Charisma von ihnen aus, und ihre Vorstellungen werden bereitwilliger akzeptiert. Das Geheimnis ihres Erfolgs besteht darin, daß sie ein paar Minuten vor der geschäftlichen Präsentation eine Energiepause einlegen. Mütter können durch eine Energiepause ihren Babys helfen, mitten in der Nacht wieder einzuschlafen. Eine spezielle Art des Wiegens gibt der Mutter neue Kraft und beruhigt das Baby. Menschen jeder Altersstufe können von dieser Methode profitieren, Krabbelkinder genauso wie im Berufsleben stehende Erwachsene oder Senioren. Ich habe festgestellt, daß Energiepausen besonders auch Ruheständlern helfen – sie erfüllen sie mit neuer Vitalität und fördern kreative Lösungen für den Alltag.

Wie sieht nun diese Energiepause aus, die Ihr Leben verändern kann? Sie besteht aus einer verblüffend einfachen Technik, die ich *Autokinetik* (abgeleitet vom griechischen *auto* = von selbst, spontan; *Kinetik* = Lehre von den Bewegungen) nenne, weil sie mit spontanen, mühelosen Körperbewegungen arbeitet, die die Lebenskraft ans Licht bringen. Ihr Körper ist von Natur aus darauf programmiert, diese Bewegungen zu machen, und sie laufen automatisch ab, wenn Sie lernen, wie Sie sie auslösen können. Sie brauchen nur den Schalter zu betätigen, der diese angeborene Körperreaktion in Gang setzt. Jeder kann Autokinetik lernen. Es ist so einfach, wie in einem Schaukelstuhl zu sitzen und zuzulassen, daß man sanft nach vorne und hinten schwingt.

Die Autokinetik verschafft Ihnen eine echte Energiepause. Als Kinder hatten wir in der Schule Pausen, d. h. eine Zeit, in der wir nicht zielgerichtet zu lernen brauchten. Als Erwachsener gestatten wir uns diese Pausen im allgemeinen nicht mehr, was an unserer Gesundheit und unserem Wohlbefinden nicht spurlos vorübergeht. Im Grunde ist Autokinetik müheloses Handeln in jeder Beziehung, und deshalb ist sie reine

Erholung. Autokinetik lehrt Sie, weniger zu tun, um mehr zu haben. Sie befreit Sie davon, dem perfekten Ernährungs-, Sport- oder Meditationsprogramm, dem ultimativen Lifestyleberater, Psychotherapeuten oder spirituellen Lehrer folgen zu müssen. Statt dessen lernen Sie, mit allem, was Sie tun, eine Schwingungsübereinstimmung zu erreichen, die Sie mit neuer Energie erfüllt: Mit der Nahrung, die Sie essen, den körperlichen Bewegungen, die Sie machen, den Gedanken und Gefühlen, die Sie haben, und der Lebenseinstellung, mit der Sie an jeden neuen Tag herangehen.

Voller Energie leben

Wenn Sie die Energie zum Zentrum Ihres Lebens machen, ändert sich alles. Erstens brauchen Sie nicht mehr hart zu arbeiten, um gesund und glücklich zu sein. Die harte Arbeit macht Ihr Leben unnatürlich, zwanghaft und zweckorientiert und schneidet Sie von einer befriedigenden Art und Weise zu leben ab. Mit anderen Worten: Sie entfernen sich von einem mühelos dahinfließenden Leben, dem sichersten Zeichen dafür, daß Sie so richtig lebendig sind.

Das Geheimnis zur Optimierung Ihres Wohlbefindens besteht darin, in Einklang mit dem Rhythmus des Lebens zu bleiben. Anhand von Interviews mit Hundertjährigen haben Forscher festgestellt, daß Ernährung, körperliche Bewegung und Lebensstil mit der Langlebigkeit nicht unbedingt etwas zu tun haben. Es gibt viele vitale, gesunde alte Menschen, die fluchen, rauchen, Schnaps trinken und wütend werden. Diese Tatsachen stehen in diametralem Gegensatz zu den Empfehlungen der meisten Gesundheitsexperten. Der einzige Faktor, der im Leben dieser Menschen durchgängig auffällt, ist die Tatsache, daß sie nicht zulassen, daß das Leben sie aus der Bahn wirft. Sie regen sich über die Widrigkeiten des Lebens nicht übermäßig auf, sondern sind in der Lage, mit den Schlägen, die sie treffen, mitzugehen. Sie sind ein gutes Beispiel dafür, was Gesundheit und Langlebigkeit bewirken: Sie bekämpfen das Leben nicht, sie setzen ihm keinen Widerstand entgegen, sondern *bewegen sich mit ihm*. Die Botschaft, die sich dahinter verbirgt, lautet: Gehen Sie mit der Energie mit, die das Leben Ihnen bringt. Lassen Sie zu, daß sich Ihr Körper jeden Tag ganz wörtlich bewegt und tanzt, so daß sich immer mehr Tage zu Ihrem ureigenen Leben aufreihen und jeder Tag alles enthält, was in ihm steckt.

Ich habe bei Hunderten von Menschen gesehen, daß Autokinetik eine tiefgreifende – über die Vitalität hinausgehende – Wirkung hat. Einmal etwa habe ich einen High-School-Lehrer mittleren Alters aus Connecticut behandelt, der Naturwissenschaften unterrichtete; er litt an asthmatischem Husten, Energiemangel und Problemen, die durch sein Übergewicht bedingt waren. Nachdem er eine Woche lang täglich zehn Minuten Autokinetik absolviert hatte, stellte er trotz anfänglicher Skepsis fest, daß er innerlich so ruhig und entspannt war, daß seine asthmatischen Anfälle zurückgingen. Außerdem hatte er neue Ideen für seinen Unterricht, was wiederum seinen Energie- und Motivationspegel hob. Diese positiven Erfahrungen führten schließlich dazu, daß er ein Eßverhalten entwickelte, das sein Übergewicht reduzierte. Er machte keine Diät, registrierte aber, daß die neuen Resonanzen in seinem Leben eine natürliche Umstellung seines Appetits bewirkten. Insgesamt führten die Veränderungen zu neuer Gesundheit und einem starken Gefühl des Wohlbefindens.

Eine 25jährige Frau aus Miami, die am Anfang einer Karriere in der Werbebranche stand, machte Autokinetik und stellte fest, daß sie ihr nicht nur einen täglichen Energieschub gab. Die Übungen inspirierten sie auch beim Entwurf neuer Werbekampagnen. Nach einer Energiepause fiel ihr manchmal etwas ein, was ihre Arbeit beflügelte. Sie lernte, die in Fluß geratene Lebensenergie für ihr Wohlbefinden und ihren beruflichen Erfolg einzusetzen.

Ein pensioniertes Paar aus Phoenix erlernte gemeinsam Autokinetik und benutzt sie jetzt, um seinen Lebensabend mit neuer Vitalität zu erfüllen. Das Paar startet jeden neuen Tag mit einer Energiepause und meint, daß dies den starken Wunsch weckt, die immer neuen Herausforderungen und Chancen des Alltags zu bewältigen. Die beiden sagen, sie würden »zusammen tanzen«, wenn sie sich auf zwei Hocker setzen und zusammen ein paar spontane Bewegungen machen. Freunde und Familienangehörige, die einer so einfachen Technik zunächst keine große Wirkung zugetraut hatten, äußern sich jetzt sehr positiv über die Ausstrahlung und den Schwung des Paares.

Die energiezentrierte Lebensweise ermuntert Sie dazu, die in jedem Atemzug vorhandene Energie intensiv zu nutzen. Verlassen Sie die Therapeutencouch, hören Sie auf herumzusitzen und sich selbst zu analysieren oder zu kritisieren und betreten Sie das Spielfeld der Lebensenergie. Wie wollen Sie den nächsten notwendigen Schritt machen, wenn Sie sich hinlegen oder ruhig dasitzen und in Ihren Gedanken- und Gefühlsstrudeln versinken? Bewegen Sie sich, damit Ihr Leben sich vorwärts bewegt. Nehmen Sie sich täglich ein paar Augenblicke Zeit für eine Energiepause – eine Unterbrechung, in der Sie mit den einfachen Übungen der Autokinetik anfangen. So bewegen Sie sich ganz natürlich in das Leben hinein, das Sie sich immer erwünscht und erhofft haben.

Was ich Ihnen auf den nächsten Seiten vorstelle, enthält keine neuen Erkenntnisse, Einsichten, Hypothesen oder Theorien, die sich im nächsten Jahr oder auch in den nächsten hundert Jahren ändern werden. Was ich Ihnen bringe, ist die *grundlegende Weisheit des Lebens selbst* – der direkte Weg, um Ihrem Körper, Ihrem Geist und Ihrer Seele neue Energie zuzuführen. Dieser Herzschlag des Lebens – der rhythmische Takt der universellen Lebenskraft – kann in jeder Pore Ihres Lebens festgehalten werden. Bereiten Sie sich auf eine echte Energiepause vor und begrüßen Sie die Bewegung, die alle Bereiche Ihres Lebens mit Energie und Motivation erfüllen und Ihre Batterien wieder aufladen kann.

Kapitel 1
Warum wir müde werden

In einer Zeit hektischer Arbeit und chronischer Müdigkeit haben wir immer die Sorge, zu erschöpft zu sein oder einfach nicht genug Energie zu haben, um den ganzen Tag über effizient zu arbeiten. Wenn wir endlich im Büro ankommen – nachdem wir vorher die Kinder zur Schule, den Anzug in die Reinigung und einen Scheck zur Bank gebracht haben –, lassen wir uns mit Koffein vollaufen, um bis zum Mittagessen durchzuhalten. Wenn es dann Zeit zum Mittagessen ist, stopfen wir uns mit Lebensmitteln und koffeinhaltigen Getränken voll und hoffen, durch das Auftanken unserer Körpermaschine bis zum Ende des Tages durchzuhalten. Aber der Nachmittag kommt, die Wirkung des Koffeins ist verpufft, und so greifen wir nach dem Süßigkeitenlager in unserer Schreibtischschublade. Aber egal was wir ausprobieren, die Energie ist dahin, und wir versinken im Treibsand der Müdigkeit. Unsere Produktivität und unsere Stimmung tendieren gegen Null, und unsere Arbeit und unser Familienleben machen uns immer weniger Spaß.

Hatten Sie es schon einmal so satt, schlapp und erschöpft zu sein, daß sie geradewegs ein Reformhaus angesteuert und einen Großeinkauf an Vitaminen, Energiespendern und pflanzlichen Stärkungsmitteln getätigt haben, die versprachen, Ihnen Ihren jugendlichen Elan zurückzugeben? Vielleicht haben Sie sich auch in die neueste Modediät gestürzt und nur die »richtigen« Gemüse und Obstsäfte konsumiert. Oder Sie haben sich bei dem Versuch, Ihre Vitalität wiederherzustellen, ein paar Extrastunden Schlaf gegönnt. Vielleicht haben Sie auch ein superergonomisches Kopfkissen oder eine Entspannungskassette gekauft, die Ihnen einen tieferen Schlaf versprachen, und sich für ein Meditationswochenende angemeldet. Das Paradoxe an diesen Lösungsversuchen ist, daß sie zwar richtig scheinen, Ihre Müdigkeit aber nicht beheben. Viele von uns haben tatsächlich festgestellt, daß sie sich trotz ausreichendem Schlaf, einer gesunden Ernährung, körperlicher Bewegung, Meditation und der Zuhilfenahme der zahlreichen Angebote des Gesundheitsmarktes genauso müde fühlen wie zuvor.

Ursache dieses Dilemmas ist die uns eingeimpfte Überzeugung, daß unser Körper wie eine Maschine funktioniert: Wenn uns die Energie ausgeht, haben wir kaum noch Treibstoff und müssen irgend etwas nachfüllen – Lebensmittel, Vitaminpillen oder Süßigkeiten. Aber die Zufuhr neuen Treibstoffs, ein Nickerchen oder das Joggen um den Block reichen im allgemeinen nicht aus, um wieder in Schwung zu kommen und einen optimalen Energiepegel wiederherzustellen.

Wenn unser Körper eine einfache Maschine wäre, würde der richtige Input zum optimalen Output führen. Die richtige Ernährung, genügend Ruhe und ein durchtrainierter Körper wären dann die besten Voraussetzungen für ein vitales Leben. Aber das funktioniert nicht immer. Der Vergleich unseres Körpers mit einer Maschine wird durch unsere alltäglichen Erfahrungen eindeutig widerlegt. Offenbar wissen wir noch nicht so richtig, wie wir mit dem Leben umgehen sollen.

Aber lassen Sie den einschränkenden Vergleich vom Körper als Maschine einmal beiseite und fangen Sie an, sich als hochsensibles Musikinstrument zu sehen: Sie erleben Wohlbefinden und Harmonie, solange Sie *richtig gestimmt* sind. In diesem Kapitel möchte ich darstellen, daß Sie für den Empfang von natürlichen Energien offen sind, wenn die Bewegungen und Rhythmen Ihrer Körperprozesse auf diese Energien eingestimmt sind. Wenn Ihr Körperinstrument jedoch *verstimmt* ist, schwindet die Energie, und Sie werden anfällig für eine unabwendbar scheinende Müdigkeit.

Anzeichen dafür, daß Ihr Körperinstrument verstimmt ist

Wir alle machen von Zeit zu Zeit die nachfolgend beschriebenen Erfahrungen. Schenken Sie ihnen Aufmerksamkeit und betrachten Sie sie als Anzeichen für einen Prozeß, der Sie aus der Gestimmtheit herausführt. Wenn Sie *verstimmt* sind, ist das Gefühl, daß etwas mit Ihnen nicht in Ordnung ist, ganz normal. Dieses Gefühl kann von leichter Unausgeglichenheit bis zu starker Panik reichen. Betrachten Sie solche Erfahrungen nicht unnötig als tiefsitzende psychische Probleme, die die Hilfe eines Experten erfordern. Überlegen Sie vielmehr, ob Sie auf Ihre Aktivitäten und Ihre Umgebung noch richtig eingestimmt sind. Sehen Sie über diese beunruhigenden Erfahrungen nicht hinweg. Sie sind wichtige Anzeichen dafür, daß Sie sich richtig stimmen sollten. Folgendes weist darauf hin, daß Sie nicht mehr richtig gestimmt sind:

- Sie machen sich sehr viel Sorgen, entweder über vergangene Probleme oder über erwartete Schwierigkeiten in der Zukunft. Es kann sein, daß diese Sorgen sich als Magen-

schmerzen, als Steifheit im unteren Rücken oder im Nakken oder als Engegefühl in der Brust bemerkbar machen. Sie wenden extrem viel Energie dafür auf, Ereignisse, die in Ihrem Leben und im Leben nahestehender Menschen stattfinden, als Psychotherapeut, Buchhalter, Richter, Verteidiger und Kritiker zu begleiten.
- Sie haben große Angst vor einer anstehenden Aufgabe, geschäftlichen Besprechung oder Aktivität. Auch in diesem Fall kann es sein, daß Sie das Unbehagen körperlich spüren. Oder Sie werden mitten in der Nacht mit einer übergroßen Angst wach, die die nötige Nachtruhe zerstört.
- Sie stoßen sich scheinbar grundlos ständig irgendwo an: An der Frisierkommode im Schlafzimmer, an der Kühlschranktür, an der Wand im Flur oder an der Autotür. Ihr Körper scheint sein Gleichgewicht verloren zu haben und nicht zu wissen, wo er eigentlich ist. Sie fluchen leise, denn diese kleinen Anrempler stören den gewohnten Ablauf.
- Sie können sich nur mit Mühe auf das konzentrieren, was Sie gerade tun. Ihre Gedanken wandern umher und halten gewöhnlich nur kurz inne, und zwar bei Ihren Sorgen oder einer endlosen Strategie darüber, »wie ich alle Probleme löse«. Alles, was Sie tun, tun Sie unvollständig, nie bringen Sie sich ganz in die anstehende Aufgabe ein.
- Sie sind leicht gereizt, durch fast alles und jeden. Sie wissen, daß Sie sich von Dingen, aus denen Sie sich nichts machen sollten, irritieren lassen, aber Sie können nichts dagegen tun. Es ist, als hätte jemand Sie so programmiert, daß Sie wie ein Roboter gereizt reagieren. Sie sehen es kommen, können es nicht aufhalten, und schon sind Sie wieder aus dem Lot. Und das macht Sie noch gereizter.
- Sie zählen die Stunden, Tage oder Wochen, die vergehen müssen, bis etwas, das Sie quält, zu Ende geht. Wie ein Ge-

fängnisinsasse, der täglich auf dem Wandkalender die Tage abhakt, scheinen Sie nur darauf zu warten, aus dem Gefängnis zu entkommen, das das Leben speziell für Sie gebaut hat. Leider scheint ein Ende nicht in Sicht, und Sie wissen auch nicht, wer Sie begnadigen oder vorzeitig entlassen könnte.

- In Ihrem Alltag gibt es kaum Aufregung oder die Vorfreude auf Aufregung. Der größte Nervenkitzel besteht darin, nach der harten Tagesarbeit auf dem Sofa einzuschlafen. Sie freuen sich nicht mehr darauf, auszugehen oder irgend etwas zu tun. Sie schleppen sich von einem Sofa oder Sessel auf den nächsten.
- Sie denken selten daran, irgendeine Art von Glück anzustreben. Irgend etwas, das Ihre Lage verbessern könnte und weniger ist als ein Lotteriegewinn, können Sie sich nicht mehr vorstellen. Wenn Sie annehmen, daß die einzige Lösung für Ihre Probleme Geld heißt, sind Sie nicht richtig gestimmt.
- Sie glauben, daß Sie den erwünschten Sieg nie ganz erringen, Ihr Ziel nie ganz erreichen können. Sie fühlen sich nicht als Gewinner, sondern als unbedeutender Darsteller in einem zweitklassigen Film, oder als unbeachtetes Würstchen. Egal, was Sie in Angriff nehmen, Sie wissen im voraus, daß Sie verlieren werden.
- Sie sind es so müde, müde zu sein. Mit der Zeit wird Ihre Müdigkeit zu einer Megamüdigkeit, die Sie tiefer in die Erschöpfung und in einen fast vollständigen Mangel an Vitalität hineinfallen läßt.
- Das ganze Leben erscheint Ihnen unnatürlich, und viele ernsthafte Bemühungen sind notwendig, um den Tag zu überstehen. Sie fragen sich, ob mit Ihrem Körper etwas nicht stimmt, denn es kostet extrem viel Mühe, die täg-

lichen Aktivitäten hinter sich zu bringen, von der Woche ganz zu schweigen. Sie fragen sich, ob Sie das chronische Erschöpfungssyndrom haben.
- Sie überlegen, ob Sie nicht einen Psychiater aufsuchen sollten, der Ihnen Medikamente gibt, damit Sie sich besser fühlen. Die eventuellen Nebenwirkungen können gar nicht schlimmer sein als das, was Sie jetzt schon durchmachen.
- Sie können sich nicht vorstellen, daß jemand anders Sie für energiegeladen und vital hält. Sie haben Angst, wie der lebendige Tod auszusehen.
- Das Leben erscheint Ihnen als qualvoller Hindernislauf. Wohin Sie auch schauen, überall versucht jemand, Ihnen ein Bein zu stellen oder Ihnen einen Faustschlag zu verpassen. Es gibt keine Abfahrten, nur schwierige Aufstiege. Warum finden Sie keinen Abhang, der Ihren Schwung unterstützt? Warum türmt sich alles wie ein riesengroßer Berg vor Ihnen auf?
- Sie haben aufgehört, mit offenen Augen zu träumen. Der Alltag hat Sie so zermürbt, daß Sie Ihre Träume aufgegeben haben. Sie erzählen niemandem mehr von Ihren neuesten Ideen, Projekten, Hoffnungen oder Einfällen. Sie sind nur ständig am Klagen und wiederholen immer wieder, wie schrecklich Ihr Leben geworden ist. Sie haben das Gefühl, als ob das Glück, das Ihnen früher vielleicht einmal zur Verfügung gestanden hätte, an Ihnen vorübergegangen ist. Möglicherweise fragen Sie sich sogar, ob Sie verflucht sind.
- Das Glück, die Freude, die Begeisterung und die Vitalität anderer Menschen können Sie nur noch mit Zynismus betrachten. Sie sind überzeugt, daß das Glück anderer Leute nicht wirklich ist, sondern nur eine Illusion, die deren Leben zu einer Lüge macht. Da Sie bei sich keine Energie spüren, erscheint es nur plausibel zu leugnen, daß Energie

überhaupt existiert. Sie wissen, daß die Forschung beweisen wird, daß sowieso nichts hilft.
- Sie interessieren sich weniger für die Welt als in Ihren jüngeren Jahren. Ihr Idealismus ist mit Ihrer Jugend vergangen. Ihren früheren Eifer, die Welt zu verändern, können Sie sich gar nicht mehr vorstellen. Sie finden keine Möglichkeit, Schwung in Ihr Leben zu bringen, und schon gar keine, ein bißchen Energie in die größeren Aufgaben zu schicken, die seit Jahrzehnten oder Jahrhunderten darauf warten.
- Es macht Ihnen mehr Spaß, sich Berichte über die neuesten Katastrophen anzusehen, als sich eine altmodische Geschichte anzuhören, die die Freude am Leben preist. Nur wenn Sie sehen, daß es jemand anderem noch schlechter geht als Ihnen, tröstet Sie dies einen Augenblick über Ihre desolate Lage hinweg. Wenn Sie irgend etwas Positives sehen, macht Ihre eigene Schlaffheit Ihnen noch mehr zu schaffen.
- Alle Bereiche Ihres Daseins scheinen vom Kurs abgekommen zu sein. Sie wissen überhaupt nicht mehr, in welche Richtung Ihr Kompaß zeigt. Wahrscheinlich ist es sogar noch schlimmer: Sie haben Ihren Kompaß und die Fähigkeit, die eine Richtung von der anderen zu unterscheiden, verloren. Die Leichtsinnigkeit, mit der Sie zu navigieren versuchen, macht Ihnen selbst angst.
- Sie reden über Spiritualität, aber Ihr Leben ist nicht spirituell. Egal ob Sie auf die Bibel pochen oder eine New-Age-Wahrheit verkünden, Sie reden, aber Sie setzen nichts um. Es geht Ihnen mehr darum zu zeigen, daß Sie die Wahrheit gepachtet haben.
- Nichts im Leben erstaunt Sie mehr. Das einzige Rätsel, das Sie noch beschäftigt, ist, warum überhaupt noch etwas irgend jemanden verblüffen kann. Das magische Element

hat sich davongestohlen, und Sie wünschen sich, Sie könnten so viel Energie spüren, um nur noch einmal etwas Neues zu probieren.

Wenn Sie irgendeine dieser Erfahrungen hatten, sind Sie wahrscheinlich ab und zu oder chronisch nicht richtig gestimmt. Anstatt einen weiteren Schritt in diese Richtung zu machen, sollten Sie darangehen, Ihr Körperinstrument wieder zu stimmen. Auch wenn Sie viele der oben genannten Symptome haben oder hatten, sollten Sie sich die Chance geben, sich wieder richtig zu stimmen und Energie und Vitalität aufzunehmen, bevor Sie sich von psychotherapeutischer Hilfe abhängig machen.

Anzeichen dafür, daß Ihr Körperinstrument richtig gestimmt ist

Erinnern Sie sich andererseits an die Zeiten, in denen Sie leidenschaftlich in ein größeres Projekt vertieft waren: Ihren Traumgarten anlegen, das Haus neu streichen, eine spezielle Aufgabe am Arbeitsplatz ausführen oder Ihren Kindern bei den Hausaufgaben helfen. Wenn Sie sich mit ungebrochener Begeisterung und absoluter Hingabe in ein Projekt stürzen, fühlen Sie sich energetisch total aufgeladen. Erstaunlicherweise fließen Ihnen diese Energie und Vitalität auch dann zu, wenn Sie die angeblich für unser Wohlergehen erforderlichen Dinge überhaupt nicht beachten.

Wir alle haben Zeiten erlebt, in denen wir richtig gestimmt und vom natürlichen Fließen der universellen Lebenskraft aufgeladen waren. Die folgenden Beschreibungen sollen deutlich machen, wie es sich anfühlt, auf diese völlig natürliche Weise richtig gestimmt zu sein. Verharren Sie nicht zu lange in der Rolle des Beobachters, wenn Ihnen bewußt wird, daß Sie eine solche Erfahrung haben. Dies entfernt Sie vom Fluß des Lebens und birgt die Versuchung, darüber nachzugrübeln, sie psychologisch oder spirituell zu erklären oder sich zu sehr am eigenen Erfolg zu weiden. All dies kann Sie sehr leicht wieder verstimmen. Akzeptieren Sie Ihre Erfahrungen einfach als natürliche Folge des Gestimmtseins.

- Ihre Körperbewegungen fühlen sich natürlich an. Egal ob spazierengehen, sich hinsetzen oder einen Stift aufnehmen – die Bewegungen sind anmutig und rhythmisch. Ein Spaziergang vermittelt Ihnen die gleiche Zufriedenheit wie einem Bundesligaspieler ein gelungener 50-Meter-Paß.
- Sie sorgen sich selten, empfinden aber oft Freude, Aufregung und glühende Erwartung in bezug auf Ihr Leben. Sie wissen bestimmt, wie es ist, wenn eine Sportmannschaft aus Ihrer Stadt einen Meisterschaftswettbewerb erreicht. Elektrizität liegt in der Luft, und jeder Augenblick ist von Hoffnung und gespannter Erwartung erfüllt. In einer solchen Verfassung prickelt Ihr Körper vor Aufregung über die Neuigkeiten und Überraschungen, die Ihnen begegnen werden. Verschiedene Körperteile, z. B. Arme, Finger und Beine, bewegen sich, als ob Sie sich durch den Tag tanzen wollten.
- Sie sind voll auf das konzentriert, was Sie tun. Sie lassen sich schwer von dem ablenken, mit dem Sie sich gerade beschäftigen, egal ob Sie ein Buch lesen, Ihre Arbeit erledigen oder einer Freizeitbeschäftigung nachgehen. Wenn Sie die anstehende Aufgabe wirklich mit Begeisterung anpacken, versinken Sie völlig darin. Dies passiert Müttern, die hin-

gebungsvoll einen Geburtstagskuchen backen, Freunden, die zum Angeln zusammen an einen besonderen See fahren, und Jugendlichen, die die Hits im Radio aus vollem Herzen mitsingen.
- Sie sind so in den Augenblick vertieft, daß Sie wenig Zeit haben, bei Vergangenheit oder Zukunft zu verweilen. Wenn Sie in der Zeit zurück oder nach vorne schauen, ist es, als würden Sie sich einen interessanten Film ansehen. Sie betrachten Ihr Leben als packende Geschichte, in der jedes neue Kapitel mit Spannung erwartet wird. Wenn wichtige Lebensereignisse eintreten – eine Hochzeit, die Geburt eines Kindes oder ein neuer Arbeitsplatz –, haben Sie das Gefühl, daß Ihre Erfahrungen aus dem Alltag herausragen. In solchen Augenblicken bemerken Sie am besten, wie die Energie durch Ihren Körper fließt.
- Sie fühlen sich angenehm müde, wenn es Zeit für Sie ist, eine wohlverdiente Ruhepause zu genießen. Wenn Sie etwa den ganzen Tag mit Freude im Garten gearbeitet haben, überkommt Sie am Schluß eine wohlige Müdigkeit, die dazu beiträgt, daß Sie nachts tief schlafen. Sie wissen, daß es natürlich ist, müde zu werden; wenn Sie dies akzeptieren und sich darauf einlassen, trägt es dazu bei, Ihr Leben mit neuer Energie zu erfüllen.
- Das Leben fühlt sich im allgemeinen natürlich an, und es bereitet kaum Mühe, sich beschwingt durch den Tag zu bewegen. Sie haben das Gefühl, wirklich »voll da« zu sein, und glauben, daß Sie alle auftretenden Probleme lösen werden.
- Die Zeit fliegt nur so dahin. Erinnern Sie sich daran: Die besten Romane und Filme scheinen immer zu schnell zu Ende zu gehen, egal wie lang sie sind. Wenn Ihr Körperinstrument richtig gestimmt ist, kommt es Ihnen so vor, als

hätten Sie nicht genug Zeit, all das zu tun, was Sie tun wollen. Obwohl Sie viele Dinge tun wollen, schätzen Sie die gelegentliche Möglichkeit, gar nichts zu tun.
- Sie denken oft daran, wie wichtig Glück und Freude in Ihrem Leben sind, und schämen sich nicht dafür, es sich gutgehen zu lassen. Wenn es Ihnen einfällt, führen Sie spontan Ihre Familie in die Eisdiele aus oder rufen eine gute Freundin an, um gemütlich mit ihr zu plauschen.
- Sie hoffen sehr stark, Ihre größten Wünsche zu realisieren. Was Sie für sich selbst wollen, gibt auch anderen etwas. Zwischen Ihrem persönlichen Erfolg und Ihren altruistischen Bestrebungen besteht kein Widerspruch. Ihre Hoffnungen produzieren Erfolg, und Ihr Erfolg trägt den Samen der Hoffnung zu Ihren Freunden und Ihrer Familie.
- Andere sehen, daß Sie voller Energie und Vitalität sind. Ihre Energie verbreitet sich nach außen, wenn Sie mit anderen zusammen sind, und Ihre Gegenwart gibt ihnen neuen Schwung. Aber obwohl andere Sie vielleicht für einen Dynamo halten, wissen Sie intuitiv, daß dies nicht so sehr Ihre Energie ist, als vielmehr eine wechselseitige Resonanzerscheinung, die durch Sie verstärkt wird.
- Sie werden nur selten aus unpassenden Gründen ärgerlich. Sie wissen, daß der tägliche Ärger, wie tropfende Wasserhähne und Regentage, die notwendige Würze sind, die den »Lebenseintopf« bereichern. Wenn Sie es einmal nicht vermeiden können, ärgerlich zu werden, akzeptieren Sie Ihren Ärger und werden von ihm nicht aus der Bahn geworfen.
- Sie haben das Gefühl, vollkommen lebendig und bereit und begierig zu sein, die Probleme des Daseins zu lösen. Sie glauben, daß alle Erfahrungen – gute und schlechte Zeiten, Gesundheit und Krankheit, Fülle und Mangel – dazu beitragen, Ihr Leben ganz und heil zu machen. Sie wissen, daß

die täglichen Unvollkommenheiten ein notwendiger Bestandteil des großen Ganzen sind. Diese Erkenntnis nimmt Druck von Ihnen, so daß Sie das Leben nicht mehr bekämpfen und bereitwillig annehmen, was auf Sie zukommt. Sie wissen auch, daß Sie die Berggipfel hinter der nächsten Biegung um so eher erklimmen werden, je weniger Widerstand Sie den Talsohlen des Lebens entgegenbringen.

- Sie freuen sich, wenn andere sich freuen. Deren Freude ist Ihre Freude, und deshalb teilen andere Ihnen gerne ihre guten Nachrichten mit. Wie bei einer Kerze ist es egal, wer die Freude hat. Sie macht den Raum für alle hell, die da sind.
- Es macht Ihnen Spaß, für Ihre Familie, Ihre Freunde und die Gemeinschaft generell zu sorgen. Sie haben entdeckt, daß Sie am schnellsten zu den gewünschten Ergebnissen kommen, wenn Sie die Menschen in Ihrem Umfeld freundlich und großzügig behandeln. Jeden Tag fragen Sie sich, was Sie für jemand anderen tun können.
- Anstatt über Spiritualität zu reden, praktizieren Sie sie. Sie sind weniger daran interessiert, Ihre Träume zu analysieren, als sie zu leben. Sie leben eher mit »Herz«, als sich die neuesten wissenschaftlichen Erkenntnisse darüber anzuhören, was dies bedeutet. Bei allem, was mit der Seele, dem Geist und dem Heiligen zu tun hat, geht es für Sie mehr darum, etwas zu *tun*, als es von außen zu begutachten.
- Sie glauben, daß das Leben voller Schätze ist, die darauf warten, von Ihnen gefunden zu werden. Wenn Sie morgens aufwachen und einen Vogel zwitschern hören, nehmen Sie dies intensiv wahr und erkennen das Geschenk, das dieser Augenblick Ihnen macht.
- Ihr Leben ist reich an Wundern und Verwunderung. Jeder Tag ist angefüllt mit Staunen und Verzauberung, und jeder

Sonnenuntergang hat etwas Geheimnisvolles. Wenn Ihr Leben voller Energie ist, wächst Ihr Gefühl für Magie und Mysterium. Dies ist das heiligste Geheimnis von allen, und Sie stellen fest, daß sich Ihnen viele Türen zu erhebenden Erfahrungen öffnen.

Erfahrungen dieser Art sind typisch für ein richtig gestimmtes Leben. Vielleicht stellen wir fest, daß wir automatisch so fühlen, beispielsweise bei einer intensiven Arbeitssitzung, bei der die kreativen Ideen aller nur so sprudeln; beim staunenden Streifen durch ein Museum; in den leidenschaftlichsten Momenten des Intimverkehrs; oder wenn wir in einem Chor singen, durch einen wunderschönen Wald wandern, einem Kind beim Lesenlernen helfen oder bei der ungezwungenen Unterhaltung mit einem engen Freund in Gelächter ausbrechen. Ein richtig gestimmtes Leben wird reich mit köstlichen Empfindungen beschenkt. Ich meine damit nicht, daß ein mit Energie aufgeladener Mensch immer diese Gefühle und diese geistige Einstellung hat. Aber wenn Sie richtig gestimmt sind, werden Sie feststellen, daß solche Erfahrungen Ihnen oft begegnen.

Unser Körper ist ein Instrument

Wir sind empfindliche Instrumente, die so sensibel reagieren wie die feinsten Saiten einer Stradivari-Geige, einer Gibson-Gitarre oder eines Steinway-Konzertflügels. Don Campbell, der Gründer und Leiter des Instituts für Musik, Gesundheit und Erziehung in Boulder/Colorado, meint, daß unser ganzer Körper – vor allem die von Schallwellen durchquerte Luftröhre – als vibrierende Saite betrachtet werden sollte; denn die von uns produzierten Töne kommen nicht nur aus unserer Kehle, sondern auch von unserem Solarplexus, von der Basis der Wirbelsäule und vom Scheitel des Kopfes. Deshalb glaube ich, daß unsere »Körpersaite« regelmäßig gestimmt werden muß, wenn wir ein Leben haben wollen, das vor Intensität vibriert. Wenn wir gestimmt sind, besteht eine Resonanz zur universellen Lebenskraft. Wenn wir verstimmt sind, gibt uns nichts außer einem neuen Stimmen wieder Schwung. Es gehört zu den großen Wundern des Lebens, daß wir in den leidenschaftlichsten Augenblicken, in denen wir ganz in das hineinfallen, was wir gerade tun, automatisch gestimmt werden und uns lebendig fühlen.

Haben Sie sich je so sehr in einen großen Roman, die Ausübung Ihres Lieblingssports oder einen faszinierenden Film vertieft, daß Sie gar nicht gemerkt haben, wie die Zeit vergeht? Daß Sie vergessen haben zu essen, Außenreize Sie nicht mehr erreicht haben und Sie nicht einmal Ihren Körper wahrgenommen haben? Wenn Sie so völlig auf das eingestimmt sind, was Sie gerade tun, fließt die vitalisierende Energie des Lebens leichter durch Sie hindurch.

Von tibetischen Mönchen und indischen Yogis weiß man, daß sie die Kälte des Himalaya ohne Kleidung, Unterschlupf oder andere äußere Mittel zur Aufrechterhaltung der Körperwärme ertragen können. Einige dieser Asketen kommen außerdem mit sehr wenig Nahrung aus. Sie sind völlig auf ihre Umgebung eingestimmt, so daß das Atmen ihnen Energie gibt.

Durch diese Beispiele wird die konventionelle Ansicht, daß wir nur Körpermaschinen sind, radikal in Frage gestellt. Wenn wir den Menschen als stimmbares Instrument betrachten, sind diese erstaunlichen Leistungen nicht weiter geheimnisvoll. Je besser Sie gestimmt sind, desto stärker stehen Ihnen in jeder Lage, in der Sie sich befinden – von den Gipfeln des Himalaya bis zu den Bergen und Tälern des Alltags –, unerschöpfliche Energie und Vitalität zur Verfügung.

Ich möchte dies am Beispiel einer Stradivari-Geige erläutern. Auch die wertvollste Geige der Welt ist wertlos, wenn sie gespielt wird, ohne richtig gestimmt zu sein. Auch Sie sind eine wunderbare Schöpfung des Lebens, aber das in Ihnen angelegte Besondere, Schöne und Kreative kann erst dann zum Vorschein kommen, wenn Sie wie ein Instrument richtig gestimmt sind.

Wie die Saiten einer Geige oder einer Gitarre muß Ihr Körper außerdem *immer wieder* gestimmt werden. Wenn Sie schon einmal das Konzert eines Meistergitarristen besucht haben, erinnern Sie sich vielleicht daran, wie oft er die Saiten gestimmt hat. Jede Veränderung in der Umgebung der Gitarre kann das Instrument verstimmen – ein plötzlicher Stoß gegen den Instrumentenkörper, ein zu heftiges Anschlagen der Saiten und sogar ein kaltes Lüftchen, das über die Saiten streicht.

Auch Sie sind empfänglich für die Einflüsse, Spannungen und Veränderungen, die um Sie herum und in Ihnen stattfinden. Wenn Sie gedankenverloren eine Straße entlangschlendern und unversehens das markerschütternde Geräusch einer Lkw-Hupe oder einer Polizeisirene hören, kann der durch dieses unerwartete Klangbombardement ausgelöste Schock bewirken, daß Sie plötzlich nicht mehr richtig gestimmt sind. Sie fühlen sich verwirrt oder schwindlig und stellen verblüfft fest, daß Sie sich so fühlen, als wäre Ihnen Energie abgezogen worden.

Das gleiche kann passieren, wenn Sie die Fassung verlieren und innerlich und äußerlich in Wut geraten. Nach einer solchen Explosion sind Sie im allgemeinen erschöpft, was Sie anfällig für Krankheiten macht. Als ich an verschiedenen Universitätskliniken Familientherapie lehrte, war ich erstaunt zu sehen, wie oft jemand nach einem Krach im zwischenmenschlichen Bereich eine Erkältung oder eine Grippe bekam oder andere Symptome einsetzten. Ich sage nicht, daß ein Wutanfall Sie immer krank machen muß, aber ein unbeherrschter Gefühlsausbruch sorgt auf jeden Fall dafür, daß Sie nicht mehr gestimmt sind; Sie haben weniger Lebensenergie, und das verstärkt Ihre Anfälligkeit für Krankheiten.

Aber nicht nur ein Gefühlsausbruch oder eine unangenehme Erfahrung beeinträchtigen Ihr Gestimmtsein. Die einfachen Prüfungen und Widrigkeiten des Alltags können die innere Harmonie genauso stören. Wenn Sie sich wie verrückt Sorgen machen, bei der Arbeit nervös werden, unbedingt besser sein wollen als andere, sich zu hart antreiben oder vergessen, tief einzuatmen und eine Pause zu machen, um Ihre Umgebung wahrzunehmen, fangen Sie wahrscheinlich an, nicht mehr richtig gestimmt zu sein.

Sie müssen erkennen können, welche Erfahrungen Sie am ehesten verstimmen und wann Sie Ihre Aktivitäten kurz unterbrechen sollten, um sich wieder richtig zu stimmen. Auf diese Weise fangen Sie an, Ihr Leben mit Energie zu füllen.

Gestimmtsein bedeutet völliges Aufgehen im gegenwärtigen Tun

Die Arbeitsweise des großen Romanschriftstellers Aldous Huxley ist ein sehr schönes Beispiel für ein kraftspendendes Gestimmtsein. Wie Huxley dem amerikanischen Hypnotiseur Milton H. Erickson beschrieb, begab er sich in einen tiefen meditativen Zustand, in dem er alles, was für das Schreiben nicht relevant war, aus seinem Kopf verbannte.* Er war so vollkommen auf seine Arbeit konzentriert, daß sein Körper etwas tun konnte, ohne daß er sich selbst dessen bewußt war. Eines Nachmittags etwa, als er gerade intensiv ins Schreiben vertieft war, klingelte der Briefträger. Huxley ging zur Tür, öffnete sie, nahm einen Eilbrief entgegen, schloß die Tür, legte den Brief auf einen Tisch, ging zu seinem Stuhl und setzte seine Arbeit fort. Als seine Frau nach Hause kam und den Brief entdeckte, hatte er keine bewußte Erinnerung daran, daß der Brief angekommen war.

Die gleiche völlige Versunkenheit lag der sogenannten »Geistesabwesenheit« von Norbert Wiener zugrunde, dem mathematischen Genie und Professor am *Massachusetts Institute of Technology (MIT)*, Vater der Kybernetik. Mehrere seiner ehemaligen Studenten haben mir erzählt, daß Professor Wiener so in seine Gedanken über Mathematik vertieft sein konnte, daß er mit einem Finger den Korridor entlangfahren mußte, um beim Denken oder Lesen weitergehen zu können. Eines Tages ging er so einen Korridor im MIT entlang und strich mit dem Finger über die Wand. Dabei kam er auch an die offene Tür eines Unterrichtsraumes, aber da ihm dies nicht bewußt war, ging er in dem Raum, in dem die Studenten saßen, an der Wand entlang, dann wieder zur Tür heraus und weiter, bis er heil in seinem Büro ankam. Wie Huxley konnte Wiener sich so in seine Arbeit vertiefen, daß nichts ihn ablenkte; dabei leiteten und beschützten ihn jedoch die unbewußten Aspekte seines Wesens.

Sind Sie schon einmal Auto gefahren und haben plötzlich festgestellt, daß Sie so in Ihre Gedanken vertieft waren, daß

---

* Siehe Milton H. Erickson, *Gesammelte Schriften Band 1, Vom Wesen der Hypnose,* Hrsg. v. Ernest L. Rossi, 1995

Sie vollkommen weggetreten waren und Ihnen der Fahrvorgang nicht bewußt war? Wenn Ihnen dann klar wird, daß Sie im Auto sitzen, sind Sie erschrocken, denn Sie erkennen, daß Ihnen die vorangegangenen Sekunden oder Minuten nicht bewußt waren. Aber auch wenn Sie sich an den Vorgang nicht erinnern können, wissen Sie, daß er ganz offensichtlich stattgefunden hat – wahrscheinlich hat das Unbewußte auf »Autopilot« geschaltet.

Wir kennen solche Phasen völligen Vertieftseins im Alltag also durchaus, aber im allgemeinen entschuldigen wir sie als momentane »geistige Abwesenheit«. Wir übersehen, daß diese völlige Versunkenheit uns hilft, richtig gestimmt zu sein. Wenn Sie aus einem solchen Zustand heraustreten, fühlen Sie sich energiegeladen und vital. Was geschieht mit Ihnen, wenn Sie in diesem Zustand sind? Die Antwort ist einfach, aber sie hat weitreichende Konsequenzen.

Der Rhythmus der Erde

Physiker haben herausgefunden, daß die Erde mit rund 7,83 Phasen pro Sekunde schwingt. Das ist der Schwingungswert der Magnetwellenfrequenzen, die zwischen der Erdoberfläche und der Ionosphäre – dem Teil der Atmosphäre, der etwa 42 km über der Erde beginnt – hin und her pulsieren. Die Wissenschaftler bezeichnen diesen Rhythmus als Schumann-Resonanz und haben vorgeschlagen, ihn als Puls bzw. Herzschlag der Erde zu betrachten. Der Ozean der universellen Lebenskraft, in dem wir leben, hat also, genauso wie die Wellen und Gezeiten der irdischen Ozeane, einen Takt, einen natürlichen Rhythmus.

Unser Körper kann in genau der gleichen Frequenz schwingen. Im Zustand tiefer Versenkung pulsieren unsere Gehirnwellen tatsächlich ebenfalls 7,83mal pro Sekunde; dies wird als »Alpha-Frequenz« bezeichnet. Wenn wir in diesem Rhythmus schwingen, haben wir den gleichen Takt wie die universelle Lebenskraft, so daß die Energie aus dem uns umgebenden Ozean direkt in unseren Körper fließen kann. Wenn der Körper in diesen ihm natürlichen Zustand versetzt wird, tendiert er dazu, sich spontan zu bewegen und zu äußern. Das Mitschwingen mit dem natürlichen Takt des Lebens stellt die uns verfügbare Möglichkeit dar, das Tor zur universellen Lebenskraft zu öffnen. Wenn wir in diesen Rhythmus fallen, haben wir das Gefühl völliger Versunkenheit und Harmonie, denn die Energie fließt ganz natürlich durch uns hindurch.

Um dies weiter zu erklären, möchte ich das folgende physikalische Experiment anführen. Nehmen Sie zwei gleich gestimmte Geigen und legen Sie eine von ihnen auf einen Tisch, während Sie auf der anderen eine Saite anspielen. Wenn Sie beide Instrumente sorgfältig beobachten, werden Sie feststellen, daß die gleiche Saite, die auf der einen Geige angespielt wird, auch auf der anderen Geige in Schwingung gerät. Bei dieser *sympathetischen Resonanz* zwischen den beiden Geigen wird die von der ersten Geige erzeugte akustische Energie zur zweiten übertragen.

Die Energie einer schwingenden Saite kann auf eine andere Saite übertragen werden, wenn sie harmonisch auf die Frequenz dieser anderen Saite eingestimmt ist. Wenn zwei Systeme, gleich welcher Art, harmonisch gestimmt sind, sagt man auch, sie stehen miteinander in Resonanz, und dadurch kann die Energie von dem einen System auf das andere übertragen werden.

Wenn *wir* uns so stimmen, daß wir in Harmonie mit der

universellen Lebenskraft sind, wird deren Energie auf uns übertragen – genauso wie der Klang einer schwingenden Geigensaite der richtig gestimmten Saite eines anderen Instrumentes Energie geben und sie zum Klingen bringen kann.

Aufeinander eingestimmt sein

Als Familientherapeut habe ich Mütter und Väter beobachtet, die so auf ihre Kinder eingestimmt waren, daß sie sensorische Erfahrungen des Kindes spüren konnten. Wenn das Kind sich in den Finger geschnitten hatte, spürte Vater oder Mutter tatsächlich den gleichen Schmerz. Manchmal waren diese Eltern auf ihr Kind so »übereingestimmt«, daß ihre Erfahrungen sich zu sehr vermischten. Elternteil und Kind beendeten dann die Sätze des jeweils anderen und hatten manchmal die gleichen Träume. Das gleiche Eingestimmtsein findet sich auch bei eineiigen Zwillingen, die sich außergewöhnlich nah sind. So ist beobachtet worden, daß Sie den einen Zwilling anrempeln und der andere »Aua!« sagt.

Auch sonst gibt es im Alltag jene besonderen Augenblicke, in denen wir eine natürliche Stimmigkeit mit einem anderen Menschen erleben – z. B. wenn wir tanzen, Basketball spielen, uns unterhalten oder intim küssen. Wenn Sie vollkommen auf einen anderen Menschen eingestimmt sind, macht der andere die gleiche Erfahrung wie Sie, wodurch die unglaubliche Möglichkeit zu einer einheitlichen Bewegung, einem einheitlichen Ausdruck entsteht. Dieses völlige Eintauchen trägt Sie oft in die Gestimmtheit hinein. Sie können sich auch auf Erfahrungsbereiche einstimmen, an denen ein anderer Mensch nicht unbedingt beteiligt sein muß. So kann es etwa sein, daß Sie perfekt auf die Musik eingestimmt sind, die Sie hören, auf ein Buch, das sie lesen, eine Landschaft, die Sie sehen, oder einen Lufthauch, der Ihr Gesicht streift. Wenn Sie auf das, was Ihnen begegnet, eingestimmt sind, kann dessen Schwingung Sie in eine energetische Resonanz mit ihm bringen.

In Laborversuchen haben Wissenschaftler herausgefunden, daß dann, wenn zwei Wellen gleicher Frequenz und Amplitude gleichläufig zusammentreffen, die entstehende Welle doppelt so hoch ist wie die ursprüngliche Welle. Mit anderen Worten: Die Amplitude, das Volumen des Tons, wird stärker. Wenn wir eine Resonanz zur universellen Lebenskraft herstellen, verstärken wir die Energie in uns, so daß wir das Gefühl haben, voller Energie und Vitalität zu sein. Wenn ein Publikum im selben Takt klatscht, klingt es wie ein einziges lautes Händeklatschen. Und wenn wir uns im Rhythmus mit dem Takt eines Musikstückes bewegen, erleben wir – ob wir nun tanzen oder nur mit den Zehen wippen – den Takt intensiver. Die beliebte Vorstellung von einem Seelenpartner oder Seelenfreund gründet sich auf das Faktum, daß wir von bestimmten Menschen stark angezogen sind, weil deren Frequenz eine natürliche Resonanz in uns erzeugt, die beiden Energie gibt.

Wenn dagegen zwei Wellen gegenläufig aufeinandertreffen, neutralisieren sie sich gegenseitig. Wenn zwei Tänzer nicht mehr miteinander in Harmonie sind, können sie leicht stolpern und fallen. Und wenn eine Musikgruppe nicht im Rhythmus ist, kann sich die Musik nicht vorwärts bewegen – ihr Fluß ist gestört, und sie hört einfach auf. Das wird als *destruktive Interferenz* bezeichnet. Für unseren Alltag bedeutet dies, daß Vitalität und Energie schwinden, wenn unsere Frequenz nicht in Harmonie mit der universellen Lebenskraft ist.

So gesehen ist Müdigkeit ein Zustand, in dem wir nicht mehr auf die universelle Lebenskraft eingestimmt sind.

Natürlich ist das Ganze nicht immer so einfach wie zwei Frequenzen, die sich verstärken oder neutralisieren. Manchmal haben wir Beziehungen zu verschiedenen Frequenzen und erzeugen ein komplexeres Harmoniemuster, das nicht nur eine Verstärkung oder Neutralisierung ist. Insgesamt jedoch erscheint es mir trotzdem nützlich, zwischen Interaktionen zu unterscheiden, die unsere Energie eher verstärken, und solchen, die uns eher Energie abziehen. Andere Interaktionen liegen irgendwo zwischen verschiedenen Harmoniemustern, von denen einige uns mehr Energie geben als andere.

Die eigene Frequenz finden

Die Forschungen von Dr. Valerie V. Hunt, einer Physiologin an der Universität von Kalifornien in Los Angeles, zeigen, daß der menschliche Körper ein elektromagnetisches Feld mit im Labor meßbaren Frequenzen ist. Die Arbeit von Dr. Hunt läßt vermuten, daß jeder von uns mit einer für ihn idealen Frequenz (oder einem für ihn idealen Frequenzenbündel) in diese Welt gekommen ist. Wenn wir mit dieser speziellen Frequenz schwingen, sind wir gesund, fühlen uns wohl und bringen unsere besten Leistungen. Die jedem Menschen natürliche Frequenz kann eine harmonische Beziehung zur universellen Lebenskraft eingehen. Diese sympathetischen Resonanzen mit dem Takt des Lebens stellen eine natürliche Brücke dar, über die Sie an den unerschöpflichen Energievorrat der universellen Lebenskraft herankommen können.

Obwohl wir alle mit unterschiedlichen Frequenzen schwingen, ist es nicht so, daß einige von vorneherein dazu prädestiniert sind, mehr oder weniger Lebensenergie als andere zu haben. Wenn meine natürliche Frequenz niedriger ist als Ihre, bedeutet das nicht, daß Sie mehr Energie haben als ich. Es bedeutet, daß ich eine sympathetische Resonanz mit der Lebenskraft am ehesten erreiche, wenn ich die niedrige Frequenz benutze, die für mich am natürlichsten ist. Die natürliche Frequenz jedes Menschen ist einfach der Takt, der für diesen Menschen der sicherste und unverfälschte Weg zu einer Verbindung mit der Lebenskraft ist.

Um dies zu veranschaulichen, wollen wir einmal annehmen, daß die Frequenz der Lebenskraft der eines mittleren C auf einer Klaviertastatur entspricht. Als uns verfügbare natürliche Frequenzen können wir dann die Noten betrachten, die auf natürliche Weise mit dem mittleren C harmonieren. So könnten Sie von Natur aus als G oder E klingen, die sich beide in einfacher Harmonie zu C befinden. Wichtig ist, daß zwischen Ihrer Frequenz und der Frequenz des Lebens eine harmonische Beziehung besteht.

Niedrigere Frequenzen entsprechen den Aktivitäten des physischen Körpers, beispielsweise Sport, Tanzen, weit ausholenden Körperbewegungen oder den feinen motorischen Fähigkeiten der Finger. Wenn Sie mit einer niedrigen Frequenz schwingen, könnte eine Karriere im Bereich des Sports oder ein Beruf, der schwierige körperliche Bewegungen erfordert, erwägenswert sein. Eine mittlere Frequenz verweist auf eine natürliche Neigung zu intellektuellen Formen der Aktivität, während höhere Frequenzen intuitiven Möglichkeiten der Erkenntnis entsprechen. Mit den höchsten Frequenzen betreten wir die Bereiche der Spiritualität, die sich von schöpferischen und künstlerischen Gaben bis zum Heilen anderer und letztendlich mystischen Erfahrungen erstrecken.

Je näher Sie Ihrer natürlichen Frequenz kommen, desto gesünder sind Sie, und desto mehr fördern Sie Ihr Wohlbefinden. Michael Jordan wird sich am ehesten richtig stimmen können, wenn er Basketball spielt, während Stephen Hawking sich am ehesten richtig stimmt, wenn er einer abstrakten wissenschaftlichen Theorie nachgeht; der Dalai Lama wiederum wird sich am ehesten richtig stimmen, wenn er intensiv meditiert. Jordan hat von Natur aus eine niedrige Frequenz. Es wäre wenig sinnvoll, wenn er versuchen würde, sich durch Schriftstellern zu stimmen. Durchaus sinnvoll aber ist es, daß er sich in die Poesie athletischer Bewegungen fallen läßt. Aber warum sollte der Dalai Lama Basketball spielen, um sich richtig zu stimmen? Er hat von Natur aus eine hohe Frequenz – er ist sozusagen ein Tenor des Lebens –, und eine entsprechende Betätigung ist für ihn der richtige Weg, sich zu stimmen und energetisch aufzuladen.

Die Ihnen natürliche Frequenz geht oft mit einem bestimmten körperlichen Empfinden einher. Wenn Menschen in dem ihnen natürlichen Takt schwingen, spüren sie manchmal ein Vibrieren, ein Prickeln im Bauch, ein rhythmisches Pulsieren im Brustkorb, oder sie fühlen sich wie auf Wolken. Menschen, die von Haus aus in einer niedrigen Frequenz schwingen, spüren dies im allgemeinen im Bauch oder im Solarplexus. Mittlere Frequenzen machen sich im Brustkorb und in der Herzregion bemerkbar, und hohe Frequenzen werden am ehesten im Kopf gespürt.

Jeder Mensch ist mit einem körperlichen, emotionalen, intellektuellen, heilenden und spirituellen Rüstzeug für sein Leben ausgestattet. Die uns natürlichste Frequenz verweist auf die speziellen Bereiche, in denen wir von Natur aus am ehesten Erfolg haben werden. Die Kenntnis Ihrer Frequenz bringt Ihnen möglicherweise mehr als psychologische, medizinische oder astrologische Einschätzungen Ihrer Person, denn sie führt Sie zu der Art von Leben, die am ehesten die universelle Lebenskraft in Sie hineinträgt.

Ein einfacher Test zur Bestimmung Ihrer natürlichen Frequenz

Welche Frequenz haben Sie? Sie können leicht feststellen, ob Sie von Natur aus mehr zu einer niedrigen, einer mittleren oder einer hohen Frequenz neigen, wenn Sie ein paar einfache Fragen beantworten. Bei allen Fragen geht es darum, ob körperliche, intellektuelle oder intuitive Beschäftigungen Sie am meisten anziehen.

1. Womit identifizieren Sie sich am meisten
   _____ Körper   _____ Verstand   _____ Seele
2. Welche Aktivität ist Ihnen in der Schule am leichtesten gefallen?
   _____ Sport   _____ Wissensfächer
   _____ kreative Beschäftigungen
3. Was hätten Sie am liebsten?
   _____ einen tollen Körper   _____ einen hohen IQ
   _____ Kreativität
4. Was beeindruckt Sie am meisten?
   _____ Weltmeisterschaft in einer Sportart
   _____ Nobelpreis in Physik
   _____ Pulitzerpreis für Lyrik
5. Was möchten Sie am ehesten können?
   _____ 2 km joggen
   _____ ein schwieriges mathematisches Problem lösen

_____ ein Kunstwerk schaffen
6. Welche Erfahrung würden Sie am meisten genießen?
_____ ein Buch lesen   _____ meditieren
_____ tanzen
7. Welche Eigenschaften schätzen Sie am meisten?
_____ körperlich fit sein
_____ logisch denken können
_____ natürliche Intuition besitzen

Welche Antwort haben Sie am häufigsten gegeben? Wenn Sie die erste Antwort bevorzugt haben, neigen Sie wahrscheinlich mehr zu einer niedrigen Frequenz, während die zweite Antwort auf eine mittlere und die dritte auf eine höhere Frequenz hinweist. Denken Sie daran, daß höhere Frequenzen nicht besser sind als niedrigere, genausowenig wie ein hoher Ton besser ist als ein tiefer. Das Wissen um die eigene Frequenz ist so ähnlich, als würden Sie herausfinden, ob Ihre Stimme sich eher für einen Baß, einen Bariton bzw. eine Altstimme oder einen Tenor bzw. einen Sopran eignet. Ihre Frequenz stellt einfach die Schwingung dar, die Ihrer Körpersaite am natürlichsten ist. Es ist für Sie am einfachsten, in dieser Frequenz zu schwingen und sie zu benutzen, um Resonanzen zu erreichen, die Ihr ganzes Wesen richtig stimmen.

Wichtig ist also, daß Sie solche Aktivitäten ausüben, die Ihrer natürlichen Frequenz am ehesten entsprechen. Wenn Sie ein »niedrigfrequenter« Mensch sind, sollten Sie dafür sorgen, daß Sie sich körperlich viel bewegen oder Sport treiben. Ich habe niedrigfrequente Menschen gesehen, die müde waren und meinten, sie hätten eine Depression, die sich aber nicht körperlich betätigten. Sport und körperliche Aktivitäten führten zu einer dramatischen Veränderung ihres Befindens und halfen ihnen, zu ihrer natürlichen Frequenz zurückzufinden. Entsprechend können hochfrequente Menschen, die keine Zeit zum Meditieren oder Kreativsein einplanen, sehr aufgeregt, reizbar und ruhelos werden – mit anderen Worten: sie sind nicht mehr richtig gestimmt. Damit sie wieder in die richtigen Bahnen kommen, genügt es oft, eine bestimmte Zeitspanne für hochfrequente Aktivitäten vorzusehen, etwa ein Gedicht schreiben, ein Lied komponieren oder ein Bild malen.

Anstatt nach einer komplizierten wissenschaftlichen Messung Ihres Frequenzspektrums zu suchen, empfehle ich Ihnen, den gesunden Menschenverstand zu benutzen. Beobachten Sie einmal, womit oder mit wem Sie beschäftigt sind, wenn Sie sich richtig lebendig und energiegeladen fühlen. Ist es eine körperliche Aktivität oder Bewegung? Kopfarbeit? Ein bestimmtes Gefühl? Meditation? Hier haben Sie Hinweise auf die Frequenz, in die Sie am leichtesten hineinkommen, d. h. die entsprechende Aktivität zeigt Ihre natürliche Frequenz an. Je »geerdeter« die Erfahrung ist – d. h. je stärker sie in einer körperlichen Aktivität wurzelt –, desto niedriger ist die Frequenz. Je intensiver Sie sich mit geistigen, intuitiven und nichtmateriellen Bereichen beschäftigen, desto höher ist die Frequenz.

Energetische Fingerabdrücke

Obwohl Sie jetzt vielleicht wissen, daß Sie mehr zu einer niedrigen, mittleren oder hohen Frequenz neigen, sollten Sie sich auch klarmachen, daß es andere »Fenster« bzw. Resonanzen gibt, die Ihnen das gesamte Spektrum des Lebens nahebringen. Wie bereits gesagt, haben Wissenschaftler wie Dr. Valerie Hunt die Schwingungen und Frequenzen menschlicher Energiefelder mit naturwissenschaftlichen Methoden gemessen. Dr. Hunt hat bei ihren über 20jährigen Forschungen festgestellt, daß jeder Mensch ein für ihn typisches Energiefeld besitzt, für das nicht nur die Frequenz und die Amplitude charakteristisch sind, sondern auch, ob die Energie beim Durchströmen der einzelnen Körperbereiche behindert wird oder nicht. Diese *energetischen Fingerabdrücke* zeigen, wie komplex Ihr Energiefeld ist, d. h. wie viele unterschiedliche Resonanzen Sie derzeit herstellen können. Ein schmales Resonanzspektrum bedeutet, daß Ihre Möglichkeiten, positiv mit der Welt mitzuschwingen, begrenzt sind. Wenn z. B. nur körperliche Aktivitäten sie »antörnen« und stimmen, kann das Leben Ihnen nur durch eine begrenzte Palette von Möglichkeiten Energie zuführen. In diesem Fall müssen Sie die ganze Welt der intellektuellen, intuitiven und kreativen »Fenster« noch entdecken. Ein breites Spektrum andererseits stellt sicher, daß Sie im Verlauf eines Tages mehr Gelegenheiten für energetisierende Wechselwirkungen haben. In diesem Fall sind Sie offener für die vielen unterschiedlichen Erfahrungen, die das Leben zu bieten hat. Eine bekannte leitende Angestellte im Verlagswesen beispielsweise fühlt sich manchmal energiegeladen und richtig lebendig, wenn sie mit ihrem Pferd Turniere bestreitet, manchmal aber auch, wenn sie in eine verlegerische Diskussion vertieft ist. Ihr energetischer Fingerabdruck weist körperliche und intellektuelle Frequenzen auf.

Eine vollständige Erfassung unserer energetischen Prozesse ist sicher komplex. Obwohl jeder von uns dazu neigt, von Natur aus in bestimmten Frequenzen zu schwingen, ist das nicht alles. Sowohl im Verlauf eines Tages als auch in den verschiedenen Phasen unseres Lebens ändern sich die Frequenzen. Obwohl Sie die Frequenzen, die für Sie am natürlichsten sind, und auch die, mit denen Sie Schwierigkeiten haben, sicher gerne kennen möchten, sollten Sie diese Verallgemeinerungen nicht zu eng sehen. Durch eine Interaktion, die Ihnen eine neue Schwingungserfahrung beschert, können Sie sich jederzeit für eine neue Frequenz öffnen. Wenn Sie z. B. eine neue Erfahrung machen, etwa zum ersten Mal tanzen, öffnen Sie sich für einen Takt bzw. einen Rhythmus, den Sie vorher noch nicht gespürt hatten. Wenn dieser Takt in Ihren Körper integriert wird, kann er die Spannweite und die Qualität Ihrer energetischen Beziehungen zu anderen Menschen verändern. Tanz und Rhythmus sind somit wirkungsvolle Hilfsmittel für Veränderungen.

Je mehr Resonanzen Ihnen Energie geben, desto mehr Schwung und Kraft haben Sie im Alltag. Wie Sie später sehen werden, können Sie Ihr Resonanzrepertoire mit Hilfe der Autokinetik erweitern. Deren spontane Bewegungen machen Sie nämlich mit neuen Frequenzen und Schwingungszuständen bekannt. Durch Autokinetik lernen Sie, die Palette Ihrer energetischen Interaktionen im Alltag zu erweitern.

Richtig gestimmt bleiben

Wenn Sie auf den Takt des Lebens eingestimmt sind, brauchen Sie das, was Sie sich wünschen, nicht mehr mit enormer Willenskraft und Disziplin zu realisieren. Das Leben geschieht dann ganz natürlich, ohne große Anstrengung, und manchmal bewegt Ihr Leben sich so reibungslos vorwärts, daß Sie sich auf einem Spaziergang wähnen. Dieses mühelose Leben ist das sicherste Zeichen dafür, daß die Lebenskraft bei Ihnen ist. Wie ein Fluß, der ganz natürlich in seinem Bett dahinströmt, bewegt Ihr Leben sich ohne Widerstand oder Unterbrechung vorwärts. Nichts kann Sie umhauen, egal wie schwierig die Situation ist, solange die universelle Lebenskraft Sie erfüllt.

Müde sind Sie, weil Sie gegen das Leben ankämpfen oder versuchen, es Ihren Wünschen entsprechend zu zwingen. Jeder Widerstand gegen das Leben erzeugt eine Reibung, die Sie aus dem richtigen Gestimmtsein bringt und dazu führt, daß Sie sich erschöpft und müde fühlen. Der Trick im Leben besteht darin, das zu finden, was Ihnen wirklich Spaß macht und was am natürlichsten für Sie ist, und das dann mit Leib und Seele zu tun. Wenn Sie etwas tun, weil Sie denken, daß Sie es tun sollten – etwa weil Ihre Eltern oder frühere Lehrer Ihnen in den Kopf gesetzt haben, daß Sie dieses oder jenes mit Ihrem Leben anfangen sollten –, kann es sein, daß Sie in Schwierigkeiten kommen. Sie können die Qualität Ihres Lebens nicht dadurch optimieren, daß Sie sich zu etwas zwingen, was unnatürlich für Sie ist. Wenn Ihnen der Rechtsanwaltsberuf nicht in die Wiege gelegt wurde und Sie einen Körper haben, der körperliche Aktivität braucht, sollten Sie vielleicht zu einer niedrigeren Frequenz wechseln. Wenn andererseits Ihr Körper nicht mit den physischen Belastungen Schritt halten kann, die Ihr Arbeitsplatz erfordert, wäre es besser, Sie würden sich einen Schreibtischjob suchen, der mit Ihrer bevorzugten Frequenz besser harmoniert.

Auch wenn Sie versuchen, Ihr Leben zu sehr zu steuern, kämpfen Sie gegen den natürlichen Ruf des Lebens an. Sie leisten Widerstand gegen das, was Sie nicht wollen, und ziehen das, was Sie gerne hätten, mit aller Macht an sich. Das macht müde. Aber wenn Sie sich dem Strom anschließen, der von Anfang an Ihr Leben davontragen sollte, sind weder Widerstand noch Herbeizwingen erforderlich – nur natürliche Bewegung.

Es gibt eine natürliche Müdigkeit, bei der der Körper innehalten und eine Ruhepause einlegen möchte. Diese Müdigkeit sollte nicht bekämpft, sondern akzeptiert und zum Stimmen benutzt werden. Widerstand gegen Müdigkeit ist nicht natürlich. Er verschleißt Sie noch mehr und führt Sie zur »Seuche« unserer Zeit – dem endlosen Kampf gegen die Erschöpfung. Sie sollten lernen, in Ihre ganz normale Müdigkeit hinein- und wieder aus ihr hinauszugleiten, so daß sie die Rhythmen unterstützt, die Sie auf die universelle Lebenskraft einstimmen. Mit anderen Worten: Der Übergang zwischen Müdigkeit und Energie stellt eine natürliche Bewegung dar, die akzeptiert werden muß und mit der Sie arbeiten müssen, wenn Sie Ihrem Leben neue Fülle geben wollen.

Ihr *Körper* ist das Instrument Ihres Lebens. Aber Ihr *Verstand* trägt die Verantwortung dafür, daß dieses Instrument richtig gestimmt ist. Ihr Verstand sollte sich jetzt, in diesem Augenblick, verpflichten, seine wichtige Rolle als »Tuner« Ihres Körpers zu akzeptieren. Er darf sich von dieser ihm zugedachten Bestimmung nicht zu weit entfernen und muß sich um das Wichtigste kümmern: Dafür sorgen, daß Ihr Instrument richtig gestimmt bleibt.

Wenn Ihr Verstand sich mit dem Körper beschäftigt und ihn stimmt, kann dieser die kreativen Wünsche Ihrer *Seele* zum Ausdruck bringen. Denn in dieser ineinander verwobenen, ganzheitlichen Verbindung von Körper, Verstand und Seele spielt die Seele die Musik Ihres Lebens. Wenn Ihr Verstand den Körper richtig gestimmt hat, ist die Seele aufgerufen, das Instrument zu spielen, das Ihr Leben darstellt. Auf diese Weise tragen Sie durch Ihr ganz einfaches Dasein jeden Tag etwas Schönes, Inspirierendes zum Leben bei.

Sie werden unnatürlich müde, wenn die Seele fehlt und Ihr Verstand versucht, aus einem mißklingenden, verstimmten

Instrument irgendeine Musik herauszuquetschen. Wenn Sie Ihr Körperinstrument mit Achtsamkeit stimmen, wird die dann mögliche Musik Ihre Seele auf den Plan rufen, und diese wird Ihr Leben mit schöpferischer Kraft darauf zum Ausdruck bringen.

Im folgenden Kapitel möchte ich Ihnen zeigen, wie Sie sich auf das Leben einstimmen und sich seine beflügelnde Energie zuführen können. Denn das Geheimnis einer erfolgreichen Energiepause besteht darin, den Körper so zu bewegen, daß eine Resonanz zum Puls des Lebens entsteht.

Kapitel 2
Die Drei-Schritte-Technik

Wenn Sie ein Klassenzimmer betreten, werden Sie feststellen, daß die Kinder nicht still sitzen, egal, was der Lehrer ihnen sagt. Kinder drängt es von Natur aus, ihren Körper zu bewegen. Wenn sie auf einem Stuhl sitzen, schwingen ihre Beine und der ganze Körper in einem natürlichen Rhythmus hin und her. Vielleicht erinnern Sie sich daran, wie Sie selbst früher in der Schule gesessen haben: Die Beine waren übereinandergeschlagen, und ein Bein und der Fuß wippten in einem gleichmäßigen Rhythmus auf und ab, oder Ihr Körper schaukelte in einem quasi hypnotischen Impuls vorwärts und rückwärts, wenn der Lehrer über irgend etwas sprach, was Ihre Aufmerksamkeit nicht sonderlich fesselte. Vielleicht trommelten Ihre Finger auch ständig über die Schreibtischplatte, oder beide Füße federten auf dem Boden, als ob sie an Sprungfedern befestigt wären.

Diese Bewegungen führten uns schnell in Tagträume und tranceähnliche Zustände und wurden von unseren Lehrern und Betreuern nicht gefördert. Wie den Kindern heute wurde uns gesagt, wir sollten still sitzen, nicht so zappelig sein und zur Ruhe kommen. Ich erinnere mich an einen Freund, den unser Grundschullehrer immer fragte: »Randy, hast du Ameisen in der Hose?«

Als wir Kinder waren, besaß unser Körper eine angeborene

Weisheit, die uns zu diesen natürlichen Rhythmen veranlaßte, und dadurch kamen wir in Harmonie mit der uns umgebenden Lebenskraft. Die einfachen, schwingenden Bewegungen sorgten dafür, daß wir – sehr zur Enttäuschung unserer Eltern und Lehrer – immer Energie hatten; dabei war uns gar nicht klar, was wir da taten. Seitdem hat man uns beigebracht, still zu sitzen und diese spontanen Bewegungen zu unterlassen. Die frei fließenden Bewegungen wurden uns verboten. Als wir das Gymnasium und die Universität erreicht hatten, wippten wir nicht mehr auf unseren Stühlen hin und her, und viele von uns stellten fest, daß sie während eines Lehrervortrags fast eindösten. Es bedurfte großer Anstrengung, in der Schule wach und aufmerksam zu bleiben – bis wir das Klassenzimmer verlassen und unseren Körper auf dem Flur frei bewegen konnten.

Auf der Südpazifikinsel Bali sieht die Kindererziehung ganz anders aus. Dort ermutigen die Erwachsenen ihre Kinder zu natürlichen Bewegungen. Die Anthropologen Margaret Mead und Gregory Bateson haben entdeckt, daß balinesische Eltern ihren Kindern beibringen, wie sie ein Bein so anheben können, daß rhythmische Muskelkontraktionen ausgelöst werden, die in der Medizin als »Klonus« bezeichnet werden. Es handelt sich um eine Erfahrung, die wir alle kennen und die leicht nachvollziehbar ist: Sie sitzen auf einem Stuhl, die Füße stehen auf dem Boden; bewegen Sie nun einen Fuß nach hinten, bis sich die Ferse vom Boden abhebt; das Gewicht Ihres Beines liegt auf dem Fußballen. Im richtigen Winkel beginnt der Wadenmuskel zu vibrieren, und zwar mit einer Frequenz von etwa acht Zyklen pro Sekunde.

Auf Bali wird den Kindern beigebracht, diese automatischen Muskelschwingungen hervorzurufen und mit ihrer Hilfe einen Trancezustand auszulösen. Die Kinder tanzen dann quasi durch den Alltag und führen sich durch ihre natürlichen Bewegungen Energie zu.

Auch Sie haben als Kind diese natürlichen Bewegungen gemacht und ohne es zu wissen energetisierende Trancezustände erreicht. Ich möchte Sie hier zu den spontanen Bewegungen und Rhythmen Ihrer Kinderzeit zurückführen und sie in Ihren Alltag integrieren. Die Bewegungen waren so etwas wie eine automatische Technik Ihres Körpers, sich wieder mit Energie aufzuladen. Ihre Aufgabe besteht nun darin, sich mit diesen Bewegungen und Rhythmen wieder so vertraut zu machen, daß Sie sich mit ihrer Hilfe in den Takt der universellen Lebenskraft einklinken können.

Von altüberlieferten Strategien zu einer modernen Methode

Im *Seiki-jutsu*, der japanischen Kunst *(jutsu)*, mit der Lebenskraft *(seiki)* zu arbeiten (siehe Kapitel 5), sitzen Sie auf einem Holzschemel und lassen zu, daß Ihr Körper in irgendeine einfache Bewegung fällt. Es kann sein, daß Sie von einer Seite zur anderen, nach vorne und hinten, kreisförmig oder elliptisch schwingen oder auf und ab wippen. Die Bewegung kann mehr im Nacken, an der Basis der Wirbelsäule oder in den Armen oder Beinen stattfinden. Jede vorstellbare Bewegung ist erlaubt. Das Schema der Bewegungen kann immer dasselbe sein oder sich oft ändern. Im *Seiki-jutsu* wird dem Körper gestattet, mit diesen Bewegungen zu spielen, und dabei lernen Sie, in eine Bewegung zu kommen, die so natürlich ist, daß Sie das Gefühl haben, von ihr bewegt zu werden, und nicht, daß Sie sie hervorbringen müssen.

Die Drei-Schritte-Technik

Mit anderen Worten: *Seiki-jutsu* führt Sie in die Zeit zurück, in der Sie ein Kind waren und zuließen, daß Ihr Körper sich spontan bewegte. Damals gab es weder richtige noch falsche Bewegungen und schon gar keine bewußte Choreographie. Diese frei fließenden Bewegungen sollen Sie jetzt als Erwachsener wieder aufgreifen und ein Ergebnis anvisieren, das Ihnen als Kind wahrscheinlich nicht bewußt war. Und zwar sollen Sie diesen freien Ausdruck in der Absicht benutzen, in eine spontane Bewegung zu kommen, die stattfindet, ohne daß Sie sie machen müssen. Dies ist die »Einstimmungszone«, der Ort völligen Aufgehens im Augenblick. Wenn Sie diesen traum- und tranceähnlichen Zustand erreichen, müssen Sie lernen, ihn zu halten, damit er Sie auf natürliche Weise richtig stimmen kann. Dann kommen Sie in eine sympathetische Resonanz zur universellen Lebenskraft, die Ihrem gesamten Wesen Energie und Vitalität zuführt.

Bei meinen Reisen rund um die Welt habe ich festgestellt, daß viele Kulturen komplizierte Rituale und Aufgaben durchführen, damit die Menschen in natürliche, spontane Bewegungen und Rhythmen fallen: Sie tanzen die ganze Nacht, oder ein Schamane, der sich vorher mit Energie aufgeladen hat, schickt Rhythmen in ihre Körper. Im *Seiki-jutsu* glaubt man, daß Sie erst »von *Seiki* erfüllt« sein müssen. Das traditionelle Szenario sieht so aus, daß Sie eine enge Beziehung zu einem Meister eingehen und sich zunehmend wohl fühlen, wenn er Ihnen die Hand auflegt. Wenn Ihr Körper schließlich gelernt hat, den energetisierten Händen des Meisters zu vertrauen und sie ganz zu akzeptieren, werden Sie zu einem speziellen Ort geführt, an dem die Erdenergie für besonders stark gehalten wird, und eine Zeremonie findet statt. Der *Seiki*-Meister entfacht die Lebenskraft in sich und bringt sie dann in Ihren Körper. Nach dieser sogenannten »*Seiki*-Übertragung« tendiert

Ihr Körper dazu, ganz natürlich in sanft wiegende Bewegungen zu fallen. Dies gilt als Zeichen dafür, daß Sie *Seiki* erhalten haben, und Ihnen wird gesagt, Sie sollten das Schwingen bzw. die spontanen Bewegungen jetzt täglich auslösen.

Ich habe festgestellt, daß eine solch dramatische Übertragung der universellen Lebensenergie als Vorbedingung für die Auslösung der energetisierenden Bewegungen nicht notwendig ist. Jeder kann jederzeit damit anfangen, sich in diese natürlichen Rhythmen hineinzubewegen. Kinder tun es, und sogar Tiere tun es. Haben Sie schon einmal einen Hund oder eine Katze beobachtet, wenn sie sich streckt oder ausgiebig dehnt? Der ganze Körper macht sich lang, und zum Schluß geht ein Vibrieren durch das Tier, und es schüttelt sich. Dies ist eine der Methoden, mit denen Tiere sich auf natürliche Weise selbst richtig stimmen. Probieren Sie es selbst aus. Wenn Sie das nächste Mal ein großes Gähnen kommen fühlen, dann geben Sie diesem Gähnen nach und lassen Sie es zu einem Supergähnen werden. Am Schluß des Gähnens, wenn der Mund so weit wie möglich geöffnet ist, lassen Sie zu, daß ein leichter Schauder durch Ihren Körper fährt und er sich schüttelt. Wenn Sie sich ganz auf diesen Prozeß einlassen, wird Ihnen klar, was mit dem Haustier passiert. Und Sie entdecken eine natürliche Methode, sich durch Bewegungen richtig zu stimmen.

Autokinetik

Unter *Kinetik* wird gemeinhin die Bewegung materieller Körper und der mit ihnen verbundenen Kräfte und Energien verstanden. Unter *automatischer Kinetik* oder kurz *Autokinetik* verstehe ich die Ausführung automatischer, d. h. spontaner Körperbewegungen, die Lebensenergie erzeugen. Die Autokinetik umfaßt drei einfache Schritte. Anders als bei Aerobic, Yoga, Ernährungsprogrammen und zahllosen anderen therapeutischen Methoden sind bei der Autokinetik Willenskraft, Disziplin oder Kondition nicht erforderlich.

Manche Leute zögern, etwas Neues auszuprobieren, weil sie an all die Arbeit denken, die frühere Gesundheitsprogramme und Selbstverbesserungsstrategien sie gekostet haben. Was ich Ihnen hier anbiete, unterscheidet sich von allem, was Sie sonst vielleicht schon ausprobiert haben, in einem wichtigen Punkt: *Sie brauchen sich nicht anzustrengen.* Ich lade Sie zu einer echten Energiepause ein, einer Auszeit, in der Sie ein paar mühelose, spielerische Bewegungen machen. Wenn Sie erst ein Energiepausenmeister sind, werden Ihnen zahllose Vorteile zufließen. Noch einmal: Die Autokinetik verlangt nicht von Ihnen, daß Sie Bewegungen, Gedanken, Überzeugungen, Einsichten, Einstellungen oder Gefühle erzwingen. Sie verlangt nur, daß Sie zehn Minuten Pause machen, um sich so zu bewegen, wie Ihr Körper will, ohne Absicht, ohne Mühe und ohne Anstrengung. In dieser Pause von den hektischen Anforderungen des Alltags wird Ihnen die Lebensenergie zuströmen; sie kostet Sie nichts, aber sie kann Ihr ganzes Wesen energetisch aufladen.

Machen Sie sich nichts daraus, wenn Sie ein wenig zögern, den ersten Schritt zu tun. Andere haben die gleichen Hemmungen und Ängste empfunden, aber sie haben der Autokinetik eine Chance gegeben. Die Erklärungen klingen zunächst vielleicht etwas langatmig, aber wenn Sie die drei Schritte de facto ausprobieren, werden Sie feststellen, daß die Autokinetik schnell erlernbar ist. Stellen Sie sich vor, Sie würden versuchen, anhand der Beschreibung in einem Buch das Fahrradfahren zu erlernen. Es hört sich alles sehr kompliziert an, bis Sie tatsächlich auf das Fahrrad steigen und zu fahren versuchen. Sobald Sie den Dreh heraus haben, erscheint das Fahrradfahren als etwas völlig Natürliches, und für den Rest Ihres Lebens haben Sie keine Schwierigkeiten mehr damit. Das gleiche gilt in noch stärkerem Maß für die Autokinetik. Sobald Sie die natürliche Bewegung spüren, für die Ihr Körper schon vorprogrammiert ist, können Sie nicht mehr ohne sie leben. Kein Tag wird mehr ohne Energiepause vergehen. Die Bewegungen werden Ihnen helfen, den Frieden, den Erfolg und das Glück zu finden, die Sie sich wünschen.

Die drei Schritte

Wenn wir den kulturellen Rahmen, die mythologischen Überzeugungen und die historisch gewachsenen Bräuche weglassen, wird deutlich, daß es bei allen effizienten Heilmethoden auf der Welt darum geht, den Körper in Harmonie mit der universellen Lebenskraft zu bringen. Diese Harmonie erreichen Sie am leichtesten, wenn Sie Ihren Körper dazu bringen, im Rhythmus des Lebens zu schwingen, so daß jene positive Resonanz entsteht, die Ihnen Lebensenergie überträgt.

Ich habe die zentralen Punkte altüberlieferter Heil- und Energetisierungsmethoden herausgearbeitet und sie auf ihre wesentlichen Prinzipien beschränkt, so daß sie jeder leicht und ohne lange Ausbildung oder religiöse Unterweisung erlernen und praktizieren kann. Die Grundlagen der autokinetischen Praxis lassen sich tatsächlich auf drei einfache Schritte reduzieren, die ich wie folgt umreißen möchte:

- *Schritt 1. Den Körperrhythmus auslösen.* Setzen Sie sich hin und fangen Sie mit einer wiegenden Bewegung an, die zu einem natürlichen, spontanen Rhythmus wird.
- *Schritt 2. Bewegungen improvisieren.* Lassen Sie spontane Äußerungen Ihres Körpers zu, die von kleinen Bewegungen bis zu tanzähnlichen Stellungen und Gebärden reichen können, und seien Sie offen für spontan aus Ihnen herausbrechende Laute.
- *Schritt 3. Die Einstimmungszone erreichen.* Lassen Sie zu, daß diese freien, spontanen Äußerungen Ihres Körpers Sie in die hypnotische Erfahrung der Einstimmungszone hineintragen.

Sehen wir uns nun die Schritte im einzelnen an; sie tragen Sie auf ganz einfache und natürliche Weise in eine Energiepause hinein.

Schritt 1: Den Körperrhythmus auslösen
Für diese Übung brauchen Sie eine Bank, einen Hocker oder einen Stuhl. In der japanischen Tradition des *Seiki-jutsu* wird ein Holzschemel benutzt, der 42 cm hoch ist; die Sitzfläche mißt 40 × 22,5 cm. Was für einen Hocker Sie benutzen, ist jedoch egal, solange Sie Ihren gesamten Körper im Sitzen ungehindert bewegen können. Ein Sessel, bei dem Sie leicht nach hinten sinken oder fallen, paßt nicht so gut. Eine feste, horizontale Oberfläche eignet sich am besten, keine weichen, tiefen Kissen oder luxuriöse Polsterung.

Vor der eigentlichen Übung sollten Sie tief einatmen, die Augen schließen und sich einen Augenblick lang Zeit nehmen, damit der Verstand ruhig wird und die Aktivität der Gedanken nachläßt. Drücken Sie dann mit dem Mittel- oder Zeigefinger jeder Hand gegen den inneren Augenwinkel (s. Abb. 1).

Dies ist für Ihr autonomes Nervensystem das Signal dafür, daß Sie jetzt Autokinetik machen.

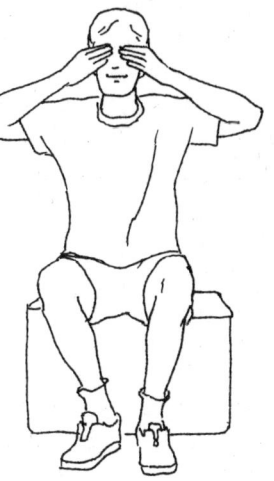

Ihr Ziel besteht nun darin, eine wiegende Bewegung des Körpers auszulösen. Am Anfang können Sie dieses Wiegen bewußt in Gang setzen; kümmern Sie sich nicht darum, ob Sie sich richtig bewegen oder nicht. Bei der Autokinetik gibt es keine richtigen oder falschen Bewegungen. Es kann sein, daß Sie mit einer schaukelnden Bewegung des unteren Rückens anfangen, oder Sie konzentrieren sich auf eine wiegende Bewegung Ihres Kopfes. Am Anfang setzen Sie einfach eine Bewegung in Gang, die schließlich automatisch wird und ohne bewußte Anstrengung einfach passiert. Denken Sie dabei an die folgenden Worte Albert Einsteins: »Ohne Bewegung geschieht nichts.«

Dieser erste Schritt entspricht dem Stimmen von Gitarrensaiten. Sie werden die Saiten mehrmals fester oder lockerer spannen müssen, indem Sie an den Wirbeln am Gitarrenhals drehen. Kümmern Sie sich nicht darum, wie schnell oder langsam Sie sind, wenn Sie Ihr Körperinstrument in jede beliebige Richtung – rückwärts und vorwärts, von einer Seite zur anderen oder kreisförmig – bewegen; lassen Sie einfach zu, daß die Bewegung geschieht. Manchmal hilft es, sich als aufziehbares Spielzeug zu sehen, das durch die Aktivitäten, Gefühle und Gedanken der vergangenen Stunden oder Tage aufgezogen wurde. Durch die Spontanübungen der Autokinetik setzen Sie die »aufgezogene« Spannung frei; Ihr Körper entspannt sich, was durch Wiegen, Vibrieren oder Schaukeln zum Ausdruck kommt.

Am Anfang dauert es vielleicht ein oder zwei Minuten, bis Sie in eine passende Bewegung hineinkommen. Wenn Sie die Technik besser kennen, dauert der erste Schritt maximal eine Minute, und Sie brauchen nur ein paar Sekunden, um in die »richtigen« Bewegungen hineinzufinden.

Ich habe einmal mit einem pensionierten Piloten aus Nevada gearbeitet, der viel Zeit für seine drei Enkelkinder hatte. Um jeden Augenblick voll genießen zu können, wollte er möglichst viel Energie haben. Er begann seine Energiepause so, als würde er darangehen, ein kleines Propellerflugzeug zu fliegen. Wenn er auf seinem Hocker saß, um mit den Übungen anzufangen, bewegten seine rechte Hand und sein rechter Arm sich vorwärts, als würde er an einem Schalter drehen, um den Motor des Flugzeugs zu starten. Dabei stellte er sich vor, er würde die Geräusche des Propellers hören, der sich zu drehen anfing. Er begann dann, seinen Oberkörper kreisförmig zu bewegen, so daß dieser in ein natürliches Vibrieren verfallen konnte und er selbst auf einen imaginären Flug ging. So startete er seine autokinetischen Übungen und löste seine persönliche Energiepause aus – indem er ganz wörtlich einen imaginierten Schalter einschaltete, um die Bewegung in Gang zu setzen.

Der Übergang von willentlich ausgeführten Körperbewegungen zu einem natürlichen Rhythmus, der von dem, was Sie wollen, unabhängig zu sein scheint, ist bei der Autokinetik das Entscheidende. Es ist egal, was Sie tun, um diesen Übergang zu ermöglichen. Da jeder seinen eigenen Weg finden wird und der auch jedesmal anders sein kann, sollten Sie sich nicht sorgen, ob Sie es richtig machen. Vielleicht liegen Sie sogar richtiger, wenn Sie eine »falsche« Bewegung ausprobieren, denn gerade was Ihr Verstand für falsch hält, wird Ihren

Körper möglicherweise aus der Kontrolle durch die Gedanken herausheben und Ihnen erlauben, in einen fließenden, natürlichen Bewegungsrhythmus zu fallen. Sie werden erkennen, wann Sie den natürlichen Rhythmus erreichen, auch wenn er nur ein paar Minuten oder Sekunden dauert.

Hier ein paar Tricks, die ich Klienten zur Auslösung des natürlichen Körperrhythmus vorgeschlagen habe:

Auf die Plätze! Sie können sich diesen ersten Schritt als Phase vorstellen, in der Sie in die Startlöcher gehen. Wenn Sie ein wichtiges Baseballspiel beobachten, werden Sie feststellen, daß jeder Schlagmann eine ganze Reihe von Bewegungen ausführt, bevor er den Ball zurückschlägt. Bei diesen Bewegungen geht es nur darum, sich dafür bereit zu machen, ans Schlagmal zu treten und den Baseballschläger zu schwingen. Wenn der Schlagmann sich darauf einstellt, auf das Schlagmal zuzugehen und Schwung zu nehmen, sehen Sie tatsächlich Rituale, die mindestens genauso komplex, ausgeklügelt und abergläubisch sind wie die Zeremonien traditioneller Völker. Kopf und Oberkörper werden nach links und rechts geschwungen, Arme und Hände geschüttelt, das Gesäß hin und her gewiegt und ganz spezielle Körpergebärden und Bewegungen gemacht. Wenn dann der Schlagmann auf das Schlagmal zugeht, überlegt er nicht, daß er irgend etwas tun will. Wenn er wirklich bereit ist, denkt er nicht daran, wie er den Ball treffen soll: Dies wird spontan und mühelos geschehen. Wenn er zuviel daran denkt, den Ball zu treffen, wird dies seine natürliche Hochform beeinträchtigen und die für das Treffen erforderlichen Bewegungsabläufe stören.

Dasselbe gilt für die Autokinetik. Sie müssen erst ein paar Bewegungen machen, die Sie einfach darauf vorbereiten, in die mühelosen Bewegungen zu fallen, bei denen Sie sich richtig stimmen. Genauso wie ein professioneller Baseballspieler können Sie mit Ihrem persönlichen Körperritual experimentieren, so daß ganz natürliche Körperbewegungen ablaufen. Benutzen Sie dieses Ritual als Trick, um in einen natürlichen Rhythmus zu kommen – das ist der einzige Zweck dieses ersten Schritts.

Den Körper schütteln. Manchmal empfehle ich meinen Klienten, eine Minute lang krampfartige Bewegungen auszuführen, d. h. alle Teile ihres Körpers, die sie bewegen können, zu mobilisieren. Zucken Sie mit Zehen und Fingern, schütteln Sie Arme und Beine, drehen Sie sich in der Taille, wippen Sie auf und ab, wenden Sie den Kopf nach rechts und links, schnaufen und pusten Sie, so daß Ihr Brustkorb in Bewegung gerät etc. Wenn Sie in diesen Bewegungen »voll drin« sind, hören Sie sofort damit auf und ermuntern Sie Ihren Körper, in die natürlichste Bewegung zu verfallen, zu der er fähig ist, egal ob sie groß oder klein ist.

Ich empfehle das Körperschütteln, weil es oft die Lebenskraft in Ihrem Körper zum Vibrieren bringt; die heftigen Bewegungen verhindern, daß Ihr Verstand das, was Sie tun, genau registriert, und sorgen so dafür, daß Sie nicht mehr von gedanklichen Prozessen gesteuert werden. Wenn Sie sich schütteln und dann plötzlich damit aufhören, können Sie leicht unabsichtlich in eine natürliche rhythmische Bewegung kommen. Lassen Sie zu, daß diese Bewegung klein ist – ein subtiles, sanftes Wiegen des Kopfes oder des ganzen Körpers. Wichtig hier ist, daß Sie den natürlichen Rhythmus in Ihrem Körper wirklich spüren. Kümmern Sie sich nicht darum, wie es aussieht; konzentrieren Sie sich einfach auf das einzigartige Gefühl, sich frei, natürlich und rhythmisch zu bewegen.

Die natürliche Bewegung eines Pendels nachahmen. Für einen anderen hilfreichen Trick zur Erzeugung eines natürlichen Rhythmus brauchen Sie ein Pendel. Sie können es kaufen oder selbst machen. Wenn Sie es selbst herstellen wollen, gehen Sie am besten in ein Geschäft für Anglerbedarf und kaufen ein kleines Bleigewicht. Befestigen Sie einen Faden oder eine Angelschnur daran, und Sie haben ein schönes Pendel. Wenn Sie sich das nächste Mal zu einer Energiepause hinsetzen, bringen Sie Ihr Pendel mit und halten es mit einer Hand vor sich. Experimentieren Sie damit, halten Sie es an verschiedene Stellen: über Ihren Kopf, vor den Brustkorb, unter die Knie etc. Beobachten Sie, wie leicht sich das Pendel selbständig bewegt. Es kann vor und zurück schaukeln, von einer Seite zur anderen schwingen oder eine kreisförmige Bahn ziehen.

Einem Aberglauben zufolge werden diese automatischen Bewegungen des Pendels von »Geistern« erzeugt, denn wer es hält, ist oft überrascht davon, daß es sich so selbständig zu bewegen scheint und seine Bewegung verändert, als wäre es lebendig. Andere glauben, es wird von den natürlichen Energien der Erde bewegt und kann deshalb für die Suche nach Wasser oder Edelmetallen verwendet werden. In Wirklichkeit wird das Pendel durch das Pulsieren Ihres eigenen Energiefeldes bewegt. Diese Energie kann Resonanzwechselwirkungen mit der Erde herstellen, aber sie zeigt *Ihre* Bewegung, nicht die fremder Wesenheiten oder äußerer Kräfte; deshalb stellt die Benutzung eines Pendels eine einfache Möglichkeit dar, sich mit den natürlichen Bewegungen bekanntzumachen, die Sie noch stärker zum Ausdruck bringen wollen. Konzentrieren Sie sich voll darauf, die Bewegung des schwingenden Pendels vor sich zu registrieren. Prägen Sie sich das Bewegungsmuster ein, schließen Sie dann die Augen und lassen Sie zu, daß Ihr

Körper sich bewegt, als wäre er das Pendel. Stellen Sie sich vor, eine Schnur würde Sie halten und Ihr Körper wäre daran aufgehängt, so daß Ihr Körper genauso schwingen kann wie das Pendel, das Sie halten. Akzeptieren Sie auch hier, daß die Bewegung klein ist, wenn sie gerade erst zum Vorschein kommt, und machen Sie sich auch nichts daraus, wenn die Bewegungen weit ausholend und ausgeprägt sind. Lassen Sie zu, daß sehr kleine Bewegungen größer werden, wenn dies ihre natürliche Entwicklung ist, oder das große Bewegungen kleiner werden, wenn sie sich dazu angetrieben fühlen.

Wenn ich Menschen mit der schwingenden Bewegung eines Pendels bekanntmache, erinnere ich sie an die alten Zeiten der Hypnose, als der Hypnotiseur ein Pendel vor den Augen des Probanden hin- und herschwingen ließ und suggerierte, seine Bewegung würde eine Trance auslösen. Eine meiner Klientinnen war Anwaltsgehilfin und alleinerziehende Mutter von zwei kleinen Kindern. Sie wollte eine Übung, die ihr nicht nur mehr Energie geben, sondern sie in Anbetracht ihrer hektischen Arbeit im Beruf und zu Hause auch entspannen sollte. Ich schlug vor, sie solle sich das Pendel als etwas vorstellen, das ihren ganzen Körper hypnotisieren könnte, wenn sie ihm erlaubt, sich mit dem Pendel zu bewegen. In dieser Trance durchliefen ihre Körperbewegungen alle autokinetischen Schritte schnell, intensiv und in einem völlig natürlichen Rhythmus, der sich für sie als effiziente Energiepause erwies.

Sich mit dem Wind bewegen. Ich habe Klienten auch vorgeschlagen, sie sollten sich Kassetten oder CDs anhören, auf denen der Wind weht. Ich rate ihnen dann, sie sollten sich vorstellen, sie wären ein Baum. Wenn sie die Geräusche des wehenden Windes hören, bewegen sie sich, als ob sie der imaginäre Baum wären. Das läßt sich an windigen Tagen auch draußen praktizieren, so daß sie sich den anderen Bäumen anschließen und sich mit ihnen so bewegen, wie der Wind weht. Dies ist eine der ältesten Methoden, natürliche Bewegungen zu lehren; das Bild und die Übung sind heute genauso wirksam wie vor Tausenden von Jahren in China.

Einer meiner Klienten, ein junger Sushi-Koch in New York, ging an einem windigen Frühjahrsnachmittag in den Central Park und versuchte diesen Einstieg in die natürliche Bewegung. Er stellte fest, daß sein Körper schon nach einem Mal die natürlichen Bewegungen verinnerlicht hatte, die ein dem Wind ausgesetzter Baum machen kann. Das Bild vom Baum im Wind hilft ihm immer noch, in die natürlichen Bewegungen hineinzukommen, die die Autokinetik verlangt.

Der Schaukelstuhl. Wenn Sie sich irgendwie gehemmt oder mit vielen äußerlichen Bewegungen unwohl fühlen, ist ein Schaukelstuhl für Sie vielleicht die beste Möglichkeit anzufangen. Der Schaukelstuhl sollte leicht in Bewegung zu setzen sein. Führen Sie die autokinetischen Übungen in diesem Stuhl durch und experimentieren Sie mit verschiedenen Schaukelbewegungen, bis Sie in kleine Bewegungen fallen, die unabhängig von Ihnen zu passieren scheinen. Sie haben dann das Gefühl, als würde der Stuhl von selbst hin und her schaukeln und als hätten Sie nichts mit dieser Bewegung zu tun. Die Methode erscheint sehr einfach, aber sie stellt eine der wirkungsvollsten Lernhilfen zur Auslösung einer automatischen Bewegung dar. Ich habe sie selbst benutzt, als ich mit der Autokinetik anfing.

Ich möchte klarstellen, daß Sie die Autokinetik nicht mit einer dieser Methoden anfangen müssen. Sie waren nur Beispiele dafür, wie Sie mit einem Trick eine spontane Bewegung erreichen können. Sobald Sie ein oder zweimal erlebt haben, wie es ist, wenn Ihr Körper sich natürlich bewegt, können Sie ohne große Vorbereitung in diese Bewegung hineingehen. Anfangs jedoch kann es sein, daß Sie verschiedene Methoden ausprobieren müssen, um die Bewegung zu wecken – bzw. sie sich bewußt zu machen. Sie sind bereits darauf angelegt, diese Erfahrung im Alltag zu machen. Sie brauchen nur noch eine Methode zu finden, um sie gewissermaßen »einzuschalten«.

Zusammenfassung von Schritt 1: Sie können alles ausprobieren, was Ihnen hilft, in eine natürliche, rhythmische Bewegung zu fallen: Wie ein Pendel schwingen, den Körper locker schütteln, sich mit dem Wind wiegen, auf eine Weise schaukeln, die dazu beiträgt, daß Sie den bewußten Verstand hinter sich lassen. Sie können sich auch einfach auf Ihren Übungshocker setzen und darauf warten, daß der Rhythmus von selbst auftaucht. Nehmen Sie sich, wenn Sie wollen, einen Abend Zeit, um mit allen Bewegungen zu experimentieren, die Sie machen können. Denken Sie dabei daran, daß es keine richtigen oder falschen Bewegungen gibt. Beim Ausprobieren der unterschiedlichsten Bewegungen hoffen Sie auf den Zufall, der Sie in eine natürliche Bewegung hineinrutschen läßt.

Dieser Schritt ist der wichtigste, wenn Sie anfangen, mit Autokinetik zu arbeiten, und Sie sollten sich deshalb so viel Zeit nehmen, wie Sie brauchen, um in einen natürlichen Rhythmus zu kommen. Es kann sein, daß Sie die meiste Zeit darauf verwenden, diesen Rhythmus in Fluß zu halten, oder daß Sie ihn immer wieder verlieren. Das ist normal, und Sie sollten Geduld mit sich haben. Wenn Sie damit vertraut sind, wird dieser Schritt nur ein paar Sekunden oder maximal eine Minute dauern. Sobald Ihr Körper ihn kennt, wird er fast automatisch geschehen.

In seinem Buch *Zen in der Kunst des Bogenschießens* beschreibt Eugen Herrigel, wie er in Japan lebte und von einem

Zen-Meister die Kunst des Bogenschießens erlernte. Immer wieder rief sein Meister aus: »Die rechte Kunst ... ist zwecklos, absichtslos! Je hartnäckiger Sie dabei bleiben, das Abschießen des Pfeils erlernen zu wollen, damit Sie das Ziel sicher treffen, um so weniger wird das eine gelingen, um so ferner das andere rücken.« Ähnlich kann es sein, daß Sie sich um so weiter vom Erfolg entfernen, je hartnäckiger Sie versuchen, in einen natürlichen Rhythmus zu kommen. Die Herausforderung für Sie besteht darin, mit so vielen Bewegungen zu experimentieren, wie Sie können, und dann geduldig zu warten.

Diese Geduld, auf den Zufall zu warten, der Sie in den natürlichen Rhythmus hineinträgt, wird von Herrigels Zen-Meister poetisch so beschrieben:

Dabei ist alles so einfach. Sie können von einem gewöhnlichen Bambusblatt lernen, worauf es ankommt. Durch die Last des Schnees wird es herabgedrückt, immer tiefer. Plötzlich rutscht die Schneelast ab, ohne daß das Blatt sich gerührt hätte.

Wenn die Dinge auf natürliche Weise so weit gediehen sind, löst der Gesamtzusammenhang und nicht eine bewußte Willensanstrengung oder eine zielgerichtete Absicht die Handlung aus. Wenn Sie den natürlichen Rhythmus erreichen, werden Sie feststellen, daß er aus eigenem Antrieb kommt, ohne erzwungen zu werden. Sie schwimmen nicht mehr gegen den Strom. Was Sie tun, ist nicht mehr nur eine Reaktion auf dieses und jenes, und Sie erzwingen keine Bewegung mehr. Sie werden so flexibel wie ein Bambusblatt, das dem Gewicht des Schnees oder der Bewegung des Windes nachgibt, und zwar nicht deshalb, weil Sie passiv sind, sondern weil Sie frei, locker und elastisch sind und sich mit den natürlichen Strömungen bewegen, die auf Sie zukommen.

Schritt 2: Bewegungen improvisieren
Wenn Ihr Handeln mühelos ist und die Leichtigkeit, mit der es sich äußert, Sie überrascht, haben Sie Zugang zu einer spontanen Seinsweise gefunden. In diesem Zustand des Fließens *improvisieren* Sie – d. h. Sie machen von nun an Ihre eigenen Bewegungen, anstatt einem schablonenhaften, vorgegebenen Handlungsablauf starr zu folgen.

Ken Werner, einer der hervorragendsten Jazzmusiker unserer Zeit, beschrieb 1991 bei einem Vortrag vor dem internationalen Verband der Jazzpädagogen das Improvisieren so: »Die Musik ist schon da, bevor Sie sie spielen... Sie brauchen sie nur anzuzapfen, dann strömt sie so schnell heraus, daß die Aufgabe darin besteht, sie aufzuhalten, sie abzustellen, damit Sie nach dem Auftritt schlafen gehen können.«*
Genau das ist der Kernpunkt des reinen Improvisierens: Sie springen gleichsam in oder auf eine Welle der schöpferischen Lebenskraft, die sich dann durch Sie ausdrückt, so daß Sie gar nichts mehr zu tun brauchen.

Sobald Sie in der Autokinetik in einem natürlichen Rhythmus sind, haben Sie sich für den Strom eines improvisierten Ausdrucks geöffnet. Lassen Sie zu, daß die Energie sich so äußert, wie sie will. Sie können tanzähnliche Bewegungen machen, verschiedene Körperhaltungen einnehmen oder mit Ihrer Stimme Töne hervorbringen, die musikalisch sein können oder auch nicht: Wie ein Vogel zwitschern oder pfeifen, wie ein Löwe brüllen, opernähnlichen Unsinn oder zu erfun-

---

* Wiedergegeben im Jazzmitteilungsblatt, *Letter from Evans*, Nov.–Dez. 1991, S. 9

denen Melodien zusammenhanglose Silben singen. Auch hier gibt es nichts Richtiges oder Falsches, nur Unnatürliches oder Natürliches. Letzteres erkennen Sie daran, daß es spontan und mühelos geschieht und durch den ablaufenden Ausdruck nicht behindert wird.

Ich habe einmal mit einer Frau Autokinetik gemacht, die ein Theater in North Carolina leitet. Ein Teil ihrer Karriere ist der Erforschung improvisierter, mit der menschlichen Stimme produzierbarer Töne gewidmet, und wie diese die Lebenskraft zum Vorschein bringen können. Bei der Arbeit mit Tönen ist es wichtig zu wissen, daß ein erzwungener, unnatürlicher Ton Ihre Energie verringert, während ein müheloser Ton, der von selbst ohne Willensanstrengung oder Absicht geäußert wird, sehr viel Kraft gibt. Tatsächlich stellen wir fest, daß unsere Lebensenergie sich verstärkt, wenn improvisierte Lautäußerungen einen sich in Harmonie mit der Lebenskraft bewegenden Körper begleiten.

Daß das Hervorbringen von Tönen Energie gibt, ist seit Jahrhunderten bekannt. In Tibet, China, Indien, Bali und vielen anderen Kulturen wird die Erzeugung von Tönen seit langem benutzt, um die Lebensenergie intensiver wahrzunehmen. Diese Kulturen haben diverse Methoden entwickelt, um an verschiedenen Stellen der Körpersaite Töne hervorzubringen, und damit gezeigt, daß der Klang von der Kehle, dem Solarplexus, der Basis der Wirbelsäule oder dem Scheitel des Kopfes ausgehen kann. Unser Körper ist sowohl eine schwingende Saite als auch eine Luftsäule, die perfekt dazu geeignet ist, natürliche Bewegungen und Klänge hervorzubringen und uns so schnell in den Fluß der Lebensenergie hineinzuführen.

Nachstehend nun ein paar Beispiele für natürliche Körperbewegungen, die im Verlauf einer zehnminütigen autokinetischen Energiepause stattfinden können. Ich stelle Ihnen diese

Die Drei-Schritte-Technik

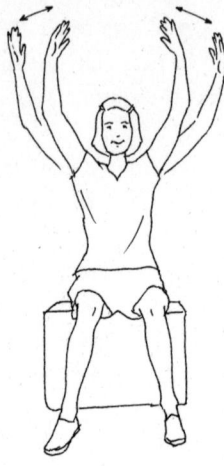

Die in Abb. 2 dargestellte Bewegung wird rhythmisch ausgeführt; die Arme bewegen sich seitlich nach außen und schwingen, als wären sie Flügel.

In Abb. 3 bewegen Ihre Arme und Hände sich wie bei einer asiatischen Kampfsportart.

Die drei Schritte

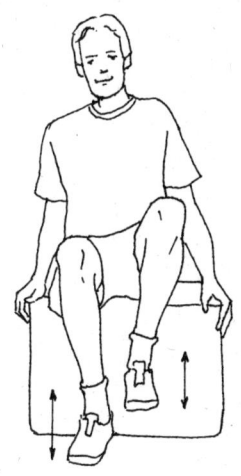

Bei einer anderen Variante bewegen Sie die Füße, als würden Sie im Sitzen einen Stepptanz ausführen (Abb. 4).

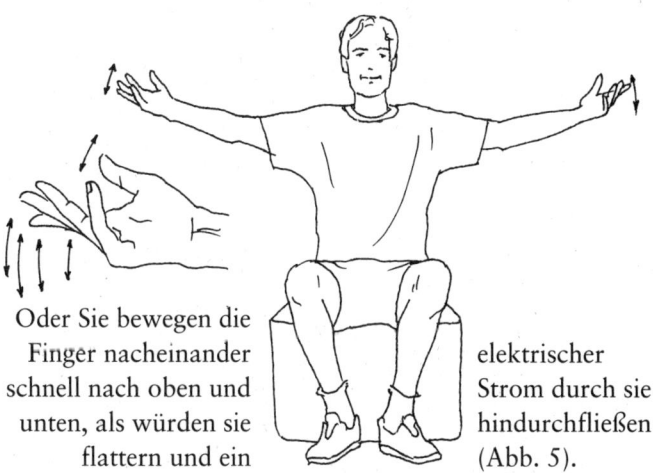

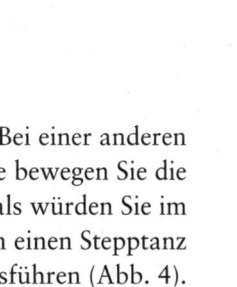

Oder Sie bewegen die Finger nacheinander schnell nach oben und unten, als würden sie flattern und ein elektrischer Strom durch sie hindurchfließen (Abb. 5).

Die Drei-Schritte-Technik

Sie können im Sitzen den Oberkörper drehen (Abb. 6).

Verschiedene federnde Bewegungen sind möglich, wenn Sie einen Fuß auf die Bank bzw. den Stuhl stellen (Abb. 7).

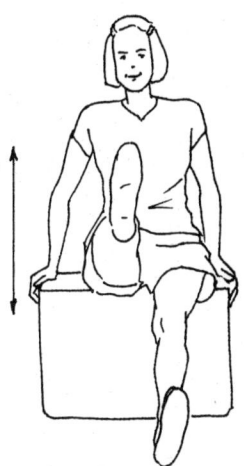

Oder Sie tippen abwechselnd mit der linken und der rechten Ferse auf den Boden (Abb. 8.). Im *Seiki-jutsu* heißt es, dies würde dazu beitragen, das Gehirn zu verjüngen und ein Gefühl des Gleichgewichts zu erzeugen.

Bewegungen vor, damit Sie ungefähr wissen, welche Bewegungen auftauchen können. Machen Sie diese Bewegungen nicht absichtlich, als wollten Sie Gymnastik treiben. Es handelt sich hier nicht um Übungen, die Sie machen *sollten*, sondern um Beispiele für Bewegungsmöglichkeiten, in die Sie vielleicht von selbst hineinkommen und mit denen Sie experimentieren können.

Es gibt keine »richtigen« oder »falschen« Bewegungen. Der große Jazzpianist Oscar Peterson meinte einmal, für einen echten Improvisationskünstler gäbe es so etwas wie eine »falsche Note« nicht. Es gibt nur das, was herauskommt und in den Fluß einer laufenden Notenfolge integriert werden kann. Wenn ein wirklicher Meister des Jazz wie etwa Thelonius Monk eine unerwartete Note anschlägt, feiert er sie als

Überraschung und nutzt sie, um sich in eine unvorhergesehene Richtung führen zu lassen. Jede Note wird als perfekt akzeptiert und als Beitrag zum laufenden kreativen Prozeß betrachtet. Wie jeder Musikliebhaber Ihnen bestätigen wird, hört es sich irgendwie falsch an, wenn jemand alle Noten richtig spielt, Herz und Seele aber fehlen, während es sich musikalisch richtig anhört, wenn eine angeblich falsche Note mit Herz und Seele gespielt wird.

Für Sie bedeutet dies, daß Sie sich nicht darum kümmern sollten, ob Ihre Bewegungen richtig oder falsch sind, wenn sie nur natürlich und spontan sind. Wenn Sie Bewegungen machen, die Sie für richtig halten, die sich aber nicht mühelos anfühlen, sind sie nicht natürlich. Wenn Sie jedoch Bewegungen machen, von denen Sie sich nicht vorstellen können, daß sie richtig sein könnten, weil sie so klein, lächerlich oder sinnlos sind, diese Bewegungen sich aber mühelos anfühlen, dann sind Sie wirklich auf dem richtigen Weg. Machen Sie sich keine Sorgen darüber, ob Sie das Richtige tun. Seien Sie natürlich, dann wird alles so fließen, wie es fließen soll.

Kritisieren Sie sich auch nicht, sondern lassen Sie zu, daß Sie sich ungehindert ausdrücken. Ob beim Bildhauern, Schauspielern, Schriftstellern, beim Tanzen, Sprechen, Musikmachen oder einfach Bewegen – sich Ausdrücken bedeutet Loslassen.

Wenn Sie keine natürlich fließenden Bewegungen spüren oder den Rhythmus verlieren, sollte Sie auch das nicht beunruhigen. Warten Sie ab, kehren Sie zu Schritt 1 zurück und fangen Sie von vorne an. Ihre autokinetischen Übungen folgen eigenen Rhythmen; sie schließen sich dem rhythmischen Fließen an und verlassen es wieder, und was jeweils überwiegt, wird von Tag zu Tag verschieden sein. Respektieren und schätzen Sie die Zeiten, in denen Sie aus dem Fluß heraus sind, denn so haben Sie die Chance, mit neuen Methoden zu experimentieren, die Sie wieder hineinführen können.

Die Kreativität anzapfen. Wenn Sie sich mit Hilfe von Schritt 2 auf natürliche Weise ausdrücken, kommen Sie der Einstimmung auf die Lebenskraft einen Schritt näher. Sie lernen durch direkte Erfahrung, daß Lebenskraft und Kreativität miteinander verwoben sind. Das Anzapfen der kreativen Energie ist nichts anderes, als die Ader der Lebenskraft zu treffen. Dies erklärt, warum die Vertiefung in ein kreatives Projekt so verjüngend wirkt. Manchmal scheint die kreative Quelle, die wir anzapfen, außerhalb unseres bewußten Wissens zu liegen. Zu den faszinierenden Ergebnissen regelmäßiger Autokinetikübungen gehört beispielsweise die spontane Ausführung von Bewegungen aus einer alten Tradition, über die Sie wenig oder nichts wissen. Dies kann mit absoluter Perfektion geschehen, auch wenn Ihnen gar nicht klar ist, was Sie da tun. Diese Erfahrung ist nicht selten und zeigt einen wichtigen Punkt in bezug auf diese Arbeit. Die meisten Unterweisungen in altüberlieferten Methoden der Energiearbeit, etwa in Tai-Chi oder anderen asiatischen Kampfsportarten, beginnen damit, daß Ihnen ganz bestimmte Bewegungsabläufe beigebracht werden. Ihr Verstand und Ihr Körper müssen sich diese standardisierte Choreographie einprägen und sie üben, bis sie perfekt ausgeführt wird. Nach vielen Jahren hingebungsvollen Übens findet, wenn Sie Glück haben, ein wunderbares Ereignis statt. Sie vergessen alles, was Sie gelernt haben, und führen die Bewegungen ohne Anstrengung oder bewußte Absicht aus.

Ein ähnlicher Prozeß findet statt, wenn wir jemandem beibringen, ein Musikinstrument zu spielen. Jahrelang werden die Noten, die Theorie, die Tonleiter und die Technik gelernt, bis verschiedene auswendig gelernte Partituren vollständig beherrscht werden. Sie machen mit der Hoffnung weiter, daß Sie irgendwann einmal die ganze Technik vergessen können, die Ihnen eingebleut wurde, und die Musik sich natürlich und automatisch gewissermaßen von selbst spielt.

Oder stellen Sie sich vor, Sie wären ein Baseballwerfer und würden sich von der Werferplatte zum Schlagmal einen Tunnel bauen. Anschließend werfen Sie den Ball durch diesen Tunnel, so daß er das Schlagmal auf jeden Fall trifft. Genauso lernen wir im allgemeinen – wir bauen einen »Tunnel«, d. h. eine Struktur, eine Schablone, die die angestrebte Handlung in die richtige Richtung lenken soll, und stürzen uns dann in sie hinein, bis wir am anderen Ende mit dem gewünschten Ergebnis herauskommen.

Dieser Gedankengang deutet darauf hin, daß wir beim Lernen gewöhnlich das Pferd von hinten aufzäumen. Wir bauen erst die Schablone und versuchen dann, uns in sie hineinzuzwängen. Wenn wir das können, hoffen wir, daß es ganz von selbst geht. Leider geben die meisten Schüler auf, bevor sie mit dem spontanen Musikmachen oder einem perfekten Baseballwurf irgendwelche Erfahrungen gemacht haben.

Wir könnten aber auch annehmen, daß das Schema für die erwünschte Aktivität in Form eines Energiefeldes bereits vorhanden ist und daß wir nur mitzuschwingen brauchen. Wenn wir das tun, bewegen wir uns mühelos durch es hindurch. Wir stellen uns nicht vor, wir müßten uns irgend etwas sauer verdienen oder aktiv bewirken; wir denken vielmehr, daß wir mit einem natürlichen Muster, das die angestrebte Leistung enthält, kooperieren und mit ihm mitfließen.

Ich kenne Fabrikarbeiter, Mechaniker und andere Leute, die bei ihrer Arbeit intuitiv so vorgehen. Egal ob sie eine Bohrmaschine bedienen, eine Schraube festziehen oder einen Draht ersetzen – diese Leute haben gelernt, daß sie sich mit Hilfe der

Maschine selbst spüren können. Ich glaube, daß ihr natürliches Geschick, Dinge in Ordnung zu bringen, darauf beruht, daß sie die Energiefelder der Maschinen, mit denen sie zu tun haben, wahrnehmen und mit ihnen arbeiten. Ihre Hände werden buchstäblich zu der Schwachstelle hingeführt. Mechanikermeister reden über ihre Arbeit nicht viel anders als Wünschelrutengänger, die erklären, wie sie Wasser im Boden finden. Es dreht sich alles darum, ein natürliches Feeling für die Sache zu bekommen, oder, in meiner Terminologie, in das Energiefeld hineinzukommen, das alle miteinander verbundenen Teile in sich enthält.

In Lubbock/Texas unterrichtete ich einmal einen Ölarbeiter in Autokinetik. Er sah sich bei seinen Energiepausen als Pumpe, die vor und zurück stoßen mußte, um die Lebensenergie nach oben zu befördern. Als menschliche Pumpe dirigierte er sich so, daß er in den Rhythmus und die Bewegungen fiel, die den Energiestrom in seinen Körper einschießen ließen. Durch ihn konnte ich die Autokinetik als ein »Energiepumpen« sehen, bei dem unsere Körperbewegungen so rhythmisch sind wie eine Ölpumpe über einem texanischen Ölfeld.

Ihre spontanen Körperbewegungen sind dann so etwas wie die Bohrlöcher, die die schöpferischen Ströme des improvisierten Ausdrucks zutage fördern. Sie spielen sich selbst, denn Sie bringen das, was Sie in sich haben, als Bewegung und Ton nach außen.

Zusammenfassend läßt sich sagen: In Schritt 1 bewegen Sie sich, um einen natürlichen Rhythmus zu finden. Sie spüren den Takt, der anzeigt, daß jetzt die eigentliche Autokinetik anfängt. Sobald dieser rhythmische Takt erreicht ist, kann Ihr Körper mit Schritt 2 anfangen: frei fließende Körperbewegungen und Töne. Dabei werden innere Gefühle, Gedanken und Eingebungen freigesetzt und sichtbar gemacht. Einige meiner Klienten betrachten Schritt 2 als Entleerungsprozeß, bei dem sie alles, was sie in sich haben, ausagieren und sich dadurch davon befreien.

Schritt 2 realisiert, was die Meditation anstrebt, wenn sie von der Notwendigkeit des »Leerwerdens« spricht. Die Autokinetik verwirklicht es, indem sie Ihrer Innenwelt erlaubt, sich in die Außenwelt hinauszutanzen. Dieses Hinaustanzen und -tönen der eigenen Person kann zwischen zwei und acht Minuten dauern und ist die letzte Vorbereitung auf die Einstimmungszone, die Sie mit Lebenskraft auflädt.

Schritt 3: Die Einstimmungszone erreichen
Wenn eine natürliche Bewegung Sie überkommt und auf improvisierte Weise geäußert wird, gleichen Sie einem Surfer, der auf einer Welle reitet. Beim Surfen warten Sie auf eine besonders große Welle, und wenn sie kommt, versuchen Sie, sie zu erwischen und das Gleichgewicht auf ihr zu halten; wenn Sie es schaffen, werden Sie weit nach vorne getragen. Die natürliche, spontane Bewegung, die Sie mit Hilfe der ersten zwei Autokinetikschritte anstreben, entspricht dem Warten auf eine Welle bzw. eine Strömung, auf der Sie dann zu reiten versuchen.

Wo trägt die Welle Sie hin? Direkt auf Stufe 3, die energetisierende Einstimmungszone. Es ist Ihnen dann nicht mehr ganz bewußt, was Sie tun, und Sie sinken in einen tranceähnlichen Zustand. Sie treffen auf eine Frequenz, die mit dem Takt der Lebenskraft resoniert, und werden mit Energie aufgeladen.

Wenn Sie diese Erfahrung zu sehr begeistert und Sie anfangen, sich selbst von außen zu betrachten, wird die Resonanz unterbrochen. Auch wenn Sie anfangen, das Geschehen zu analysieren, oder sich fragen, ob es andauern wird, oder hoffen, daß es Ihnen wirklich helfen wird, werden Sie Schiffbruch erleiden. Ihr Verstand muß sich weiter unmittelbar auf die Erfahrung konzentrieren und darf nicht wie ein beobachtender, reflektierender Heißluftballon nach oben wegdriften. Bleiben Sie in der Erfahrung und lassen Sie nicht zu, daß Ihr Verstand darüber schwebt; gehen Sie ganz in der gerade ablaufenden Erfahrung auf. Dieser tranceähnliche Zustand, die Einstimmungszone, in der Sie im Takt mit der Lebensenergie schwingen, ist das Ziel der Autokinetik. Im Zen-Buddhismus wird er als Ihr »Wesenszentrum« bezeichnet, als der Ort, an dem Ihr Leben vollständig in Harmonie mit der Lebensenergie ist.

Wenn Sie in den natürlichen Rhythmus von Schritt 1 fallen, wird es Ihnen so vorkommen, als würden Sie sich auf einen Trancezustand zubewegen. Wenn bei Schritt 2 die Bewegung Sie packt und Sie automatisch bewegt, beruhigt sie Ihren Verstand; sie entspannt Ihren Körper und führt Sie auf eine tiefere Bewußtseinsebene. All dies geschieht ohne Anstrengung. Sie erreichen Schritt 3, wenn ein tranceähnlicher Zustand von einem inneren Vibrieren oder Pulsieren begleitet wird, das im selben Takt wie die Lebenskraft schlägt. Dies ist die Einstimmungszone. Es ist derselbe Ort, den Meditierende, nach höheren Bewußtseinsebenen Suchende und Mystiker mit Hilfe ihrer Übungen anstreben. Dies gehört zu den erstaunlichsten Ergebnissen der Autokinetik: Ohne Mühe kommen Sie in Bereiche, für die Sie mit meditativen Techniken oft jahrelang brauchen.

Die Autokinetik lehrt ihren Verstand, sich mit dem natürlichen Fluß des Lebens zu bewegen. Sie wollen einen Verstand, der ein guter Wellenreiter ist, einen Verstand, der die Bewegungen des Lebens spürt und dabei so aufmerksam ist, daß Sie glauben, mit ihnen untrennbar verbunden zu sein. So reiten Sie auf dem Geist des Lebens und lassen sich von ihm zu dem veränderten Bewußtseinszustand tragen, den Sie mit der Einstimmungszone erreichen.

Es dauert nicht lange, um mit Hilfe der Autokinetik einen guten Wellenritt zu haben. Schon ein paar Minuten – manchmal fünf oder zehn, oder wenn Sie wollen mehr – reichen aus, um Sie auf das natürliche Leben einzustimmen und Ihre Batterien aufzuladen. Deshalb brauchen Sie am Tag nur zehn Minuten Zeit, um von dieser Methode zu profitieren. Wenn Sie ihr mehr Zeit widmen, wird sie einfacher; ihre Auswirkungen treten dann immer schneller ein und werden stärker. Im Verlauf der Jahre werden Sie feststellen, daß die Übungen zu einem selbstverständlichen Bestandteil Ihres Lebens werden, so daß Sie eine Energiepause machen, sobald Sie das Bedürfnis nach einem richtig gestimmten Körperinstrument und Energie haben.

Die Übungen finden im übrigen jedesmal ein natürliches Ende. Sie kommen aus Ihrer Trance heraus und fühlen sich ruhig, beglückt und bereit, wieder auf das Leben zuzugehen. Lassen Sie Ihre Bewegungen allmählich langsamer werden und dann ganz enden. Drücken Sie noch einmal sacht Ihre Augen (s. Abb. 1 auf S. 65), wenn die Bewegung aufhört und der Wiedereinstieg in den Alltag beginnt. Dieses Mal sendet der Druck auf die Augen die Botschaft aus, daß Ihre Energiepause zu Ende ist.

In Japan glaubt man nicht nur, daß diese Übung Lebenskraft in Ihren Körper bringt, sondern auch, daß sie angesammelte Müdigkeit vertreibt. Vergessen Sie auch nicht, als Zeichen des Respekts am Ende der Übung ein aufrichtiges »Dankeschön« zu sagen.

Vergessen Sie Ihre Energiepause nicht: Die tägliche Praxis der Autokinetik

Zu Beginn sollten Sie die Autokinetik mindestens einmal täglich einplanen: morgens nach dem Aufstehen, abends vor dem Schlafengehen oder während der Mittagspause. Fangen Sie mit kleinen Schritten an und übertreiben Sie es nicht: Es bekommt Ihnen besser, wenn Sie eine Minute mühelos praktizieren, als wenn Sie sich dazu zwingen, lange, diszipliniert und hart zu üben. Denken Sie daran, daß Sie sich *mühelos* bewegen sollen. Wenn sich das Ganze wie eine Plackerei anfühlt, tun Sie zu viel.

Wenn die Übungen selbstverständlich für Sie geworden sind, sollten Sie zulassen, daß auch die Häufigkeit der Ausführung eine eigene Dynamik entwickelt. Machen Sie eine Energiepause, wann immer Sie das Bedürfnis danach verspüren. Manche Pausen dauern vielleicht nur ein oder zwei Minuten, andere fünf, zehn oder zwanzig Minuten. Wenn Sie spüren lernen, wann Ihr Körper ein Stimmen braucht, werden Sie eine Möglichkeit dafür finden, auch wenn dies bedeutet, daß Sie kurz zu arbeiten aufhören und sich einen ruhigen Ort suchen, an dem Sie Ihre Bewegungen machen können – einen öffentlichen Park, einen Ruheraum oder auch Ihren Arbeitsplatz. Sie werden lernen, daß es sehr diskrete Möglichkeiten gibt, die Übungen auszuführen.

Am Ende einer Energiepause werden Sie oft das Gefühl haben, mehr Kraft zu haben und anstehende Aufgaben eher bewältigen zu können. Die Energie, die Ihnen jetzt zur Verfügung steht, fühlt sich nicht hektisch und wild an, sondern ruhig und zuversichtlich. Es ist eine innere Energie, die Ihnen das Gefühl vermittelt, daß Ihr Leben einen bestimmten Zweck hat.

Eine meiner Klientinnen in Louisiana macht mit ihrem Baby Autokinetik, wenn es mitten in der Nacht wach wird. Sie setzt sich mit ihm in ihren Schaukelstuhl und wiegt sich sanft in die Einstimmungszone. Sie hat verwundert festgestellt, daß das Baby eher wieder einschläft, wenn Sie sich weniger auf seine Entspannung als auf ihre Energiezufuhr konzentriert. Wenn sie die Einstimmungszone erreicht, schläft das Baby oft wieder ein. Da die Autokinetik Ihnen *ruhige* Energie zuführt, kann sie Ihnen und Ihrem Baby durchaus beim Einschlafen helfen.

Ein anderer Klient, ein Computerprogrammierer aus Boulder/Colorado, sagt, daß er durch Autokinetik mehr Selbstvertrauen hat und die Übungen deshalb macht, weil sie ihm sofort Zuversicht einflößen. Andere Klienten entdecken angenehm überrascht, daß sie sich durch Autokinetik weniger in ihre alltäglichen Schwierigkeiten und Probleme hineinziehen lassen. Die Spontanübungen vermitteln ihnen das Gefühl, frei und unabhängig zu sein. Nachdem ich die Bewegungen jahrelang gemacht habe, spüre ich nach dem Üben ein Prickeln, etwa so, als wäre ich gerade an einen Stromkreislauf angeschlossen worden. Auch andere Leute, die die Methode ein paar Jahre lang praktiziert haben, berichten von dieser Erfahrung.

Wenn Sie mit dieser Art, Ihren Körper so zu bewegen, daß Sie Ihrerseits vom Leben bewegt werden, erst einmal vertraut sind, wird sie für Ihr Wohlbefinden so unabdingbar wie das Schlafen und Essen. Dazu tragen auch die verschiedenen Möglichkeiten bei, die Autokinetik in Ihren Alltag zu integrieren. Sie brauchen nicht immer alle hier genannten Schritte nacheinander zu durchlaufen; vielmehr kann es sein, daß sie im Laufe der Zeit zu einem einzigen Schritt werden, bei dem das Hineinkommen in einen Rhythmus, die improvisierten Bewegungen und das Erreichen der Einstimmungszone gleichzeitig passieren. Sie werden feststellen, daß Sie mitten in einer geschäftlichen Besprechung eine von niemandem wahrgenommene winzige Bewegung auslösen und sich richtig stimmen können, so daß Sie in den laufenden Interaktionen und Verhandlungen erfolgreicher werden.

Leitende Angestellte in Japan, die Unterricht in *Seiki-jutsu* und anderen Methoden der Energiearbeit erhalten haben, tun dies bereits. Energieübungen sind inzwischen tatsächlich so weit verbreitet, daß in jüngster Zeit ein Bericht darüber im Wirtschaftsteil der *New York Times* erschienen ist.

Experimentieren Sie ein wenig mit den winzigsten Bewegungen, die Sie mit Autokinetik machen können. Entdecken Sie, daß die Größe der Bewegung wenig mit der Stärke der energetisierenden Wirkung zu tun hat und daß die kleineren Bewegungen sich eher wie ein Vibrieren, ein Summen oder Prickeln anfühlen. Manchmal kann es Ihnen so vorkommen, als wäre dieses Vibrieren in Ihnen. Wenn Sie lernen, kleine spontane Bewegungen zu machen, die von anderen nicht wahrgenommen werden und vielleicht sogar innerhalb Ihres Körpers stattfinden, können Sie Ihre Energiepause überall machen, wo Sie gerade sind.

Ein Klient, ein erfolgreicher Verkäufer aus Chicago, erzählte mir, er würde die Übungen als Teil seiner Verkaufsstrategie einsetzen. Bevor er sein letztes Angebot macht, löst er mit seiner rechten Hand eine gleichmäßige, rhythmische Bewegung aus und läßt sich sanft in die »Verkaufszone« transportieren, wie er sagt. Während er derart von ruhiger Energie erfüllt ist, macht er sein Verkaufsangebot. Ohne daß jemand weiß, was er tut, schließt er in einem hochenergetischen Trancezustand Geschäfte ab! Er sagt, nach einem solchen Gespräch würde er sich total lebendig und energiegeladen fühlen. Auf diese Weise verwandelt er den herausforderndsten Aspekt seiner täglichen Arbeit in eine der lohnendsten Erfahrungen seines Lebens.

Die Autokinetik verschafft Ihnen mehr als eine Energiepause, mit der Sie einmal täglich Ihr Leben bereichern. Sie stellt vielmehr eine Möglichkeit dar, jederzeit Energie, Vitalität und Inspiration einzuatmen. Obwohl Sie zunächst lernen, in regelmäßigen Sitzungen mit dieser Energie zu arbeiten, kommt schließlich eine Zeit, in der Sie sie unter allen Umständen und in jeder Lage mobilisieren können. Wenn Sie dann vom Leben ein bißchen Energie brauchen, genügt es, mit Ihrem Körper eine kleine Bewegung, ein Vibrieren auszulösen und sich davon in die Einstimmungszone tragen zu lassen.

Dies gibt Ihnen bei allem, was Sie tun, bei der Arbeit und in der Freizeit, den entscheidenden Kick. Wenn Sie sich mit natürlichen, spontanen Bewegungen im Tagesablauf immer wieder Energie zuführen, verbessert sich Ihr körperliches Wohlbefinden, und Sie haben das gesunde Strahlen der Menschen, deren Körper von der Lebenskraft durchströmt wird. Ihre Einstellung und Ihr Blick auf das Leben ändern sich; Sie werden optimistischer und glauben daran, daß Sie das, was Sie wirklich tun wollen, auch realisieren können. Es gibt keinen besseren Fitmacher für Ihre Gesundheit, keine bessere Erfolgstechnik als die Verbindung mit der Lebensenergie.

Meinen Beobachtungen zufolge beginnen viele Leute die Autokinetik, weil sie für ihre täglichen Aktivitäten mehr Energie brauchen. Sie haben ihre persönliche Energiekrise und wagen es noch nicht einmal, von einem besseren Leben auch nur zu träumen. Sie wollen einfach nur genug Energie, um den Tag überhaupt zu überstehen. Und dann stellen sie erfreut fest, daß die Autokinetik ihnen nicht nur Energie für ihren Alltag gibt. Sie nimmt auch die dunkle Wolke weg, die sie daran hindert, einen Hoffnungsschimmer zu sehen, und sie zeigt ihnen eine neue Welt mit ihren persönlichen Möglichkeiten.

Wir haben viel über den Nutzen des positiven Denkens gehört, und auch ich bin der Meinung, daß wir unser Leben positiver und kreativer gestalten können. Ich glaube jedoch, daß diese Auffassung noch weiter gehen sollte: Wir sollten versuchen, *positive Energieresonanzen* in unser Leben zu bringen, die uns im Alltag Kraft geben. Das Finden und Erleben dieser positiven Energieresonanzen im Alltag gehört unabdingbar zu einem erfüllten, reichen Leben.

Wenn Sie mit der Autokinetik anfangen, sollten Sie an jeden Tag mit dem Wunsch herangehen, möglichst viele Energievibrationen aufzunehmen. Darunter verstehe ich alle vibrierenden Körperempfindungen, die durch einen inspirierenden Augenblick ausgelöst werden: das ersehnte besondere Lächeln eines Menschen, die strahlende Freude eines älteren Paars, das sich liebt, eine mitreißende Melodie, die Ihnen direkt ins Herz geht, oder der unvorhersehbare, köstliche Gesichtsausdruck eines Kindes. Sehen Sie Ihre Umgebung mit anderen Augen und beobachten Sie, ob das Schaukeln eines Blatts im Wind Ihnen nicht meisterlicher erscheint als irgendeine Bewegung auf der Tanzfläche. Beschäftigen Sie sich mit dem Leben von Hunden und fragen Sie sich, warum viele Mystiker sie für erleuchtete Wesen halten.

Öffnen Sie die Hand, um einen Regentropfen oder eine Schneeflocke aufzufangen, und überlegen Sie, wie Ihr Leben sich ändern würde, wenn Sie das regelmäßig tun würden. Achten Sie darauf, wo es in Ihrer Stadt am besten riecht und schmeckt. Gehen Sie zu einer Bäckerei und lassen Sie Ihre Nase intensiv »arbeiten«. Bestellen Sie in einem Restaurant ein einziges Gericht und achten Sie voll konzentriert auf den

Geschmack. Solche Dinge sollen Ihnen helfen, den Kitzel, die Berührung, das Prickeln des Lebens wahrzunehmen. Erkennen Sie, daß dieses Prickeln der Strom der universellen Lebenskraft ist und daß es viele einfache Möglichkeiten gibt, ihn durch die Konzentration auf Sinneswahrnehmungen anzuzapfen. Lassen Sie zu, daß Ohren, Augen, Mund, Nase, Hände und Körper neue Möglichkeiten finden, den Kontakt zur Lebenskraft herzustellen.

Ich habe einmal mit einer jungen Schauspielerin aus Los Angeles gearbeitet, die gern den bekannten Werbespruch »Mach mal Pause« sang und dann hinzufügte: »mit Schwingungen«. Sie meinte, die Methode würde darauf hinauslaufen, Schwingungen bzw. pulsierende Bewegungen in ihren Körper zu bringen, und dies würde sie auf die Lebenskraft einstimmen. Jedesmal, wenn sie das Bedürfnis nach Energie oder Schwung hatte, sang sie sich im stillen sofort diese Zeile vor und löste kurz eine Bewegung oder ein Vibrieren aus, die sie auf die Lebensenergie einstimmte.

Die Autokinetik kann jetzt wie folgt zusammengefaßt werden. Erinnern Sie sich daran, daß wir den Körper mit einem Klavier oder einer Gitarrensaite verglichen und ihn als »Körpersaite« bezeichnet haben. Es geht bei der Energiemobilisierung also darum, Ihre Körpersaite zu stimmen. Diese Saite, die in etwa der Länge Ihrer Wirbelsäule entspricht, muß bewegt werden, um gestimmt zu werden. Wenn Sie in Harmonie mit der Frequenz der Lebenskraft vibrieren, werden Sie mit Energie aufgeladen. Die Technik des Stimmens besteht aus den beschriebenen drei Schritten, die mit dem Bild der Körpersaite auch so dargestellt werden können:

1. Versetzen Sie Ihre Körpersaite in eine schwingende, schüttelnde oder vibrierende Bewegung und lassen Sie zu, daß diese Bewegung einem natürlichen Rhythmus folgt.
2. Ermuntern Sie Ihre Körpersaite, zu diesem Takt frei zu tanzen und zu singen.
3. Wenn Tanz und Takt zusammenfallen, erreichen Sie die hypnoseähnliche Einstimmungszone. Dabei ist Ihre Körpersaite in Resonanz mit der Lebensenergie, so daß Ihnen neue Vitalität zufließt.

Kinder lassen ihre Körpersaite ganz natürlich zum energetisierenden Takt des Lebens tanzen, aber Erwachsene nehmen es oft hin, daß der Alltagsstreß ihre Saite aus dem richtigen Gestimmtsein bringt und sie dann neben sich selbst stehen. Finden Sie den energetisierenden Takt des Lebens wieder und lassen Sie zu, daß er Sie in die richtige Richtung bewegt. Alle Therapien, Medikamente oder Selbsthilfeversuche sind umsonst, wenn Ihre Saite nicht richtig gestimmt ist. Wenn Sie eine verstimmte Saite noch mehr bewegen, kann es sogar sein, daß sie noch störendere Geräusche hervorbringt. Bevor Sie etwas für sich selbst tun oder jemandem erlauben, etwas für Sie zu tun, sollten Sie erst eine Energiepause machen und dafür sorgen, daß Sie wieder richtig gestimmt sind. Stimmen Sie sich und beobachten Sie, wie leicht alles in Ordnung kommt, wenn die Lebensenergie Sie durchströmt.

Wenn Ihnen das Einstimmen in die Bewegungen der universellen Lebenskraft vertrauter wird, werden Sie eigene Abwandlungen und Methoden finden, die den Effekt bei Ihnen noch steigern. Das Befreiende an dieser Technik ist, daß Sie sich nie Sorgen zu machen brauchen, ob Sie es richtig machen. Jeder Weg ist richtig, solange er Sie in die natürlichen, mühelosen Bewegungen der Lebenskraft hineinführt. Sie fangen im

Grunde mit der letzten Lektion an – Sie lernen, natürlich zu sein. Sie brauchen nicht jahre- oder sogar jahrzehntelang etwas zu lernen, was Sie am Schluß wieder über Bord werfen. Sie fangen da an, wo Sie aufhören wollen, und dann kommen Sie jede Woche, jedes Jahr mehr in den natürlichen Fluß des Lebens.

In Boston gab es einmal eine bemerkenswerte Lehrerin namens Madame Chalas, die viele bekannte Pianisten, z. B. Keith Jarret und Herbie Hancock, unterrichtete. Sie begann mit einer einzigen einfachen Übung: Wie man eine einzelne Note perfekt und mühelos spielt. Sobald Sie diese Lektion beherrschen, haben Sie fast alles, was beim Musikmachen wichtig ist – oder besser: Was Musik mit Ihrer Hilfe mühelos selbst machen kann. Bei den ersten Lektionen forderte Madame Chalas ihre Schüler auf, maximal fünf oder zehn Minuten zu üben. Längeres Üben würde nur dazu führen, daß man nicht mehr mühelos spielt. Dieselbe Anweisung gilt auch für Sie. Führen Sie anfangs die Technik nie zu lange aus, damit sie nicht zu einer zielstrebigen, ernsten, mühsamen und unnatürlichen Plackerei wird. Versprechen Sie sich selbst, die Autokinetiksitzung so natürlich zu machen wie ein Spiel. Ihre Absicht sollte lediglich sein, der Vitalität der Natur näherzukommen.

Machen Sie Ihre Energiepause in der gleichen geistigen Verfassung, in der sich ein Angehöriger eines traditionellen Volkes einer Zeremonie anschließt: Die natürlichen Bewegungen des Körpers und der Strom der Gedanken, der gefühlvolle Ausdruck der eigenen Person und die Gegenwart des schöpferischen Feuers – all dies fließt ohne Trennung zusammen. In diesem Gewebe des Lebens finden Sie die unendliche Energie, die Inspirationen und Träume, die Sie in das Leben tragen, das Sie sich im tiefsten Inneren wünschen.

Kapitel 3
Ein Leben voller Energie beginnen

Zur Verbesserung Ihrer Lebensqualität ist es aus energetischer Sicht das Wichtigste, daß Sie auf die Resonanzen eingestimmt sind und bleiben, die die Lebenskraft durch Sie hindurchfließen lassen. Diese Vorstellung führt zu einer radikal veränderten Einstellung in bezug darauf, was wir für uns tun können.

Mit der Autokinetik können Sie an jeden neuen Tag mit der Einstellung herangehen, daß jede Erfahrung, die Ihren Weg kreuzt, eine Gelegenheit zur Verbesserung Ihres Wohlbefindens mit Hilfe energetischer Wechselwirkungen darstellt. Dies gilt für tagtäglich sich wiederholende Abläufe genauso wie für Überraschungen. Buchstäblich alles, was Ihnen widerfährt, ist, egal ob Sie es für gut oder schlecht halten, eine Chance für Sie, sich stärker auf die Lebenskraft einzulassen. Die Herausforderung besteht darin, an alle Ereignisse im Leben, an die Enttäuschungen genauso wie an die persönlichen Siege, so heranzugehen, daß Sie gestimmt bleiben und sich mit den energetisierenden Strömen des Lebens mitbewegen.

Wenn Sie Energiearbeit machen, werden Sie feststellen, daß ein paar grundlegende Einsichten dazu beitragen, daß Sie in der vitalisierenden Einstimmungszone bleiben:

- Beharren Sie nicht darauf, daß die Energie Ihnen auf bestimmte Weise zufließt, und setzen Sie der Lebensenergie, die Ihnen begegnet, nie Widerstand entgegen. Wenn Sie beispielsweise auf jemanden wütend sind, können Sie die durch die Interaktion erzeugte Energie nehmen, aber lassen Sie den Zorn los. Auch wenn Sie in eine Person in einem Film verliebt sind, können Sie die Energie nehmen; die Phantasie jedoch sollten Sie loslassen.
- Lassen Sie zu, daß Ihr Körper sich bewegt, wenn Sie im positiven oder im negativen Sinne erregt sind. Bleiben Sie nie ruhig sitzen, wenn die Lebensenergie Sie ins Schleudern bringt. Bewegen Sie Ihren Körper mit den Strömungen ihrer Energie und lassen Sie sich von ihrer Wucht in die Einstimmungszone hineintragen.
- Lebensenergie ist einfach Energie. Sie weiß nichts von Gut und Böse und urteilt nicht. Wenn Sie das Leben mehr als Energie und weniger als Aufreihung guter und schlechter Situationen sehen, fällt es Ihnen leichter, Ihre Erfahrung als energetisches Ereignis zu akzeptieren.

Wenn wir das Leben nicht als Energieereignis leben, neigen wir dazu, uns hinzusetzen, seelisch unbeweglich zu werden und Vergangenheit, Gegenwart und Zukunft zu überschätzen und endlos zu beurteilen. Dies führt zu einem Energieverlust und einem deprimierenden Gefühl der Bitterkeit und Hoffnungslosigkeit.

Die täglichen Spontanübungen sind wahrscheinlich das Gesündeste, was Sie für Ihr Leben tun können. In Japan bin ich Dutzenden von Menschen aus allen möglichen Berufen begegnet, Wissenschaftlern, Ingenieuren, Künstlern, Geschäftsleuten und Senioren, die alle täglich ihre Bewegungsübungen machten. Die meisten von ihnen aßen, was sie wollten, hatten kein festgelegtes Sportprogramm und lebten ohne übermäßig viele Vorschriften und Einschränkungen. Einfach mit Hilfe der natürlichen Bewegungen, die abliefen, wenn sie sich auf ihren *Seiki*-Hocker setzten, führten sie ihrem Leben Vitalität und Energie zu und erzeugten das gesunde, jugendliche Strahlen, das für den natürlichen Zustand eines allgemeinen Wohlbefindens charakteristisch ist.

Wenn Sie durch tägliches Üben mit den natürlichen Bewegungen, die Ihnen die energetisierenden Ströme der Lebenskraft erschließen, vertraut werden, haben Sie ein wirksames Hilfsmittel zur Verwandlung Ihres Alltags an der Hand. Tatsächlich gibt es viele Möglichkeiten, die belebende Technik der Autokinetik in die täglichen Aktivitäten und Probleme einzubringen. Autokinetikvariationen sind am Arbeitsplatz, in der Familie, beim Sport und in der Freizeit praktikabel. Im vorliegenden Kapitel zeige ich Ihnen, daß ein Leben voller Energie jeden Bereich Ihres Daseins bereichert.

Sich vor Energieverlust schützen

Wir alle kennen die Erfahrung, daß unsere Energie und unsere Vitalität dahinschmelzen wie Schnee in der Sonne. Manchmal begegnen wir tatsächlich Menschen, die uns Energie abzuziehen scheinen. Auch wenn die Interaktion mit ihnen uns erschöpft, muß das nicht unbedingt ihre Schuld sein. Vielmehr führt die Art der Interaktion, der Beziehung, der – wie ich sage – *Resonanz* zwischen ihnen zu einer Energieproblematik. Solche erschöpfenden Resonanzen sollten Sie auf jeden Fall vermeiden. Dazu ein Beispiel: Ich habe einmal eine frisch geschiedene Beraterin aus Miami getroffen, die jedem Gesprächspartner Energie abzuziehen schien. Ich spürte es, als ich mit ihr zusammen war. An ihrem Gehabe fiel mir auf, daß sie ständig und nonstop redete. Es war unmöglich, selbst einen Gedanken zu äußern, und wenn Sie es doch fertigbrachten, schnitt sie Ihnen sofort das Wort ab. Sie war schnell mit Ratschlägen bei der Hand, erlaubte aber niemandem, zwischendrin eine Sendepause zu machen und zu überlegen. Außerdem hatte sie kein Fünkchen Leichtigkeit oder Humor, und sie bewegte sich kaum. Es wurde nur geredet, auch darüber, was zu tun war, aber es gab kaum Gelegenheit für tatsächliche körperliche Bewegung und Berührung. Wenn all dies zusammenkommt – ein starrer Monolog, Humorlosigkeit und das fast vollständige Fehlen körperlicher Bewegung –, liegen alle Voraussetzungen für einen echten Energieverlust vor.

In einer solchen Situation können Sie nur versuchen, um eine Sendepause zu bitten, die den Monolog unterbricht, und dann probieren, ob ein Dialog zustande kommen kann. Oder Sie versuchen, das Ganze durch Humor aufzulockern. Erzählen Sie einen Witz oder fangen Sie an zu lachen und erzählen Sie dem anderen, wie kürzlich Sie jemand zum Lachen gebracht hat. Und vor allem: Stehen Sie auf und bewegen Sie sich.

Bewegen Sie Ihren Körper, damit er nicht in der tödlichen Position einer statischen Abhöranlage hängen bleibt. Wenn all dies nichts nützt, sollten Sie sich der Situation so schnell und taktvoll entziehen, wie Sie können. Hüten Sie sich vor Energieverlust. Er ist durchaus real und kann zu Kopf- und Körperschmerzen sowie einer kolossalen Müdigkeit führen.

Denken Sie daran, daß zwei aufeinandertreffende Wellen sich auch gegenseitig neutralisieren können. Das wird deutlich, wenn Sie drei kleine Steine in eine flache runde Schale mit Wasser fallen lassen: Jedes Steinchen erzeugt beim Auftreffen auf das Wasser Wellen, die sich bis an den Rand der Schale ausbreiten. Wenn sich die Wellen begegnen, erzeugen sie komplexe Interferenzmuster. Da jede Welle einen oberen und einen unteren Maximalpunkt hat – ein Wellenhoch und ein Wellental –, wird die resultierende Welle dann flach, wenn ein Wellenhoch mit einem Wellental zusammentrifft: Sie heben sich gegenseitig auf. Genauso verhält es sich bei Aktionen zwischen Menschen: Wenn nur einer redet und die Interaktion komplett beherrscht, während der andere still bleibt und schweigt, fühlt sich einer anschließend völlig erschöpft – oder alle beide. Ihre gegensätzlichen Persönlichkeiten neutralisieren sich gegenseitig.

Wenn Sie sich in Gegenwart eines anderen Menschen energielos fühlen, liegt dies teilweise daran, daß jeder die »Lebenskraftwelle« des anderen zunichte macht. Damit eine Welle höher bzw. tiefer wird, müssen die zwei Wellen zu einem gemeinsamen Rhythmus finden, bei dem die Wellenhöhen und auch die Wellentäler zusammentreffen. In diesem Fall nimmt die Amplitude bzw. die Energie jeder einzelnen Welle zu. Sie können dies erreichen, indem Sie etwa herausfinden, wie Sie jemandem auf seiner Frequenz begegnen können. Wenn Ihnen dies gelingt, wird Ihnen die Interaktion wahrscheinlich Energie geben. Das Einstellen auf die Frequenz des anderen ist so ähnlich, als würden Sie nach einem bestimmten Rundfunksender suchen. Sie müssen an Ihrem inneren Knopf drehen, um die Frequenz zu finden, die Ihnen die gewünschte Musik bietet. Zum Glück sind die meisten Menschen nicht auf eine Frequenz beschränkt. Wie jedes passable Rundfunkgerät haben Menschen mehrere Stationen in sich, und im allgemeinen spielt eine die Art von Musik, die Sie anspricht. Im Idealfall wird *jeder* von Ihnen versuchen, sich auf den anderen einzustellen und einen Sender zu finden, der Ihnen beiden zusagt. Ich gebe jedoch zu, daß Sie manchmal keine Musik finden werden, bei der Sie sich wohl fühlen. In diesem Fall kann es sein, daß Sie sich von der Situation verabschieden und nach einem anderen Menschen suchen müssen, auf den Sie sich einstellen – das war bei der monotonen Beraterin der Fall.

Ich habe einmal mit einem Paar gearbeitet, das glaubte, sich zu lieben, das aber sein Zusammensein als völlig erschöpfend empfand. Die beiden arbeiteten in unterschiedlichen Bereichen, hatten jeweils ein eigenes soziales Umfeld und konnten über nichts reden, was beide interessierte. Da sie keine gemeinsamen Interessen zu haben schienen, schlug ich vor, sie sollten herausfinden, was sie beide als uninteressant empfanden. Ohne große Mühe gaben sie an, daß keiner sehr am Kochen interessiert war. Ich empfahl ihnen dann, sie sollten mindestens zehn Minuten täglich darüber reden, warum sie nicht am Kochen interessiert waren. Dieses gemeinsame Desinteresse am Kochen trug dazu bei, sie in eine positive Resonanz miteinander zu bringen. Zu ihrer großen Überraschung machte es ihnen Spaß, darüber zu reden, warum sie beide nicht gerne kochten. Daß sie bei etwas, das sie nicht mochten, dieselbe Frequenz erreichten, half ihnen, auch in anderen Bereichen ihrer Ehe dieselbe Frequenz herzustellen.

Resonanzen erzeugen. Wenn wir unsere Interaktionen mit anderen unter dem Gesichtspunkt der *Resonanzerzeugung* betrachten, können wir unsere Kommunikation flexibler gestalten. Anstatt eine starre Rolle zu spielen, können wir herausfinden, wie wir uns so ändern können, daß eine Resonanz entsteht, von der wir beide profitieren. Das verhindert, daß wir uns darauf beschränken, Menschen zu beurteilen und ge-

gebenenfalls fallenzulassen, und veranlaßt uns statt dessen, die unterschiedlichsten Beziehungsformen zu erkunden und zu erfinden.

Bei manchen Menschen beispielsweise profitieren wir am meisten, wenn wir ruhig sind und schweigen, bei anderen dagegen gehört zu einer optimalen Interaktion der Austausch von Worten, Tönen und Bewegungen. Die Interaktionsmuster können sich auch innerhalb einer Beziehung verändern: Zeitweilig müssen beide still sein, dann wieder brauchen sie mehr Aktivität, damit eine energetisierende Resonanz entsteht.

Dieser Ansatz gilt nicht nur für die Interaktion mit anderen Menschen, sondern auch für die Beziehung zu Ihrer Arbeit, Ihrer Freizeit, den alltäglichen Routineabläufen und Ihren Aktivitäten allgemein. Alle Bereiche Ihres Lebens können unter dem Gesichtspunkt betrachtet werden, ob zwischen ihnen eine Resonanz besteht. Anstatt zu fragen, ob Sie den richtigen Job haben, sollten Sie die Resonanzen untersuchen, die sie am Arbeitsplatz erzeugen. Diese Verlagerung der Perspektive gibt Ihnen mehr Möglichkeiten, Ihrem Leben Energie zuzuführen.

Auch Ihr Familienleben kann auf seine verschiedenen Resonanzmuster hin untersucht werden. Wichtig ist, daß Sie sich als Erzeuger von Energiewellen sehen, die mit anderen Wellen interagieren und Resonanzen schaffen, von denen einige Ihnen Energie geben, andere Ihnen dagegen Energie abziehen.

Sich auf die Realität des anderen einstellen. Der Schlüssel zur Vermeidung eines Energieverlusts besteht darin, nicht in einer Resonanz hängenzubleiben, die Ihre Lebenskraft neutralisiert oder vermindert. Zum Schutz vor diesen energiezehrenden Erfahrungen sollten Sie den folgenden einfachen Rat beherzigen: Stellen Sie sich auf die Realität des anderen ein. Das bedeutet nicht, daß Sie akzeptieren oder tun müssen, was andere sagen. Aber lassen Sie sich auf die Weltanschauung des anderen und seine Art, zu sehen, zu hören, zu fühlen und wahrzunehmen ein. Dazu gehört, daß Sie dieselben Metaphern, Einsichten und sprachlichen Wendungen benutzen, die der andere in die Begegnung einbringt. Wenn Sie Leute treffen, die über Geschäftliches reden, dann schließen Sie sich dieser Weltsicht an. Unterhalten Sie sich mit ihnen nicht über Psychologie oder Spiritualität. Dann bestünde die Gefahr, daß Sie sich gegenseitig neutralisieren und Sie völlig ausgelaugt nach Hause gehen.

Therapeuten kennen diese Technik, die Sprache des anderen zu akzeptieren und zu benutzen. Sie verwenden dieselben Bilder, die der Klient verwendet, und überreden ihn nicht, in einem speziellen therapeutischen Fachjargon zu reden.

Dieses Sich-Einlassen auf den anderen stellt immer eine hervorragende Möglichkeit dar, eine gute energetische Verbindung in Gang zu setzen und zu verhindern, daß die Interaktion Sie erschöpft. Vielleicht denken Sie jetzt, ich wollte Sie dazu überreden, anderen nachzugeben, und fürchten, diese Kapitulation würde Sie in die Position des Verlierers bringen, so daß andere Sie ausnutzen und auslaugen können. Es scheint paradox, aber dies ist nicht der Fall. Wenn Sie sich auf die Welt anderer Menschen einlassen, begegnen Sie ihnen auf deren Terrain; sie fühlen sich dann wohler, und Ihre Anwesenheit beunruhigt sie nicht. Daher können sie es sich erlauben, natürlicher zu sein, und oft bewegt es sie auch dazu, Ihnen gegenüber offener zu sein und Sie zu akzeptieren. Wenn Sie das Kommunikationsverhalten eines anderen akzeptieren und sich darauf einlassen, entsteht ein beiderseits empfundenes unmittelbares Zusammengehörigkeitsgefühl, das es erleichtert, daß Sie aufeinander zugehen und einer dem anderen Energie gibt.

Auf diese Weise habe ich zum Beispiel einem 30jährigen Buchhalter aus New Jersey geholfen, der einen unmöglichen Chef hatte. Egal was mein Klient machte, der Chef hatte immer etwas auszusetzen, war sehr ernst und nie bereit, sich die Geschichte aus der Sicht des anderen anzuhören. Die Arbeit kostete den Buchhalter sehr viel Kraft, und er erwog, die Firma zu verlassen. Ich bat ihn, vor der Kündigung noch etwas Letztes zu versuchen; dazu sollte er herausfinden, was sein Chef gerne machte, wenn er nicht arbeitete. Ich schlug vor, er solle sich die Fotos und Bilder im Arbeitszimmer des Chefs daraufhin ansehen, ob sie vielleicht irgendwelche Anhaltspunkte lieferten, und ein paar unschuldige Fragen stellen, die den Chef dazu bringen könnten, sich zu öffnen und seine ureigensten Interessen mitzuteilen.

Nach kurzer Detektivarbeit rief mich mein Klient an und sagte, bei seinem Chef hingen überall Bilder von Pferden im Büro. Als der Mann seinen Chef fragte, ob er die Pferderennen verfolgte, reagierte dieser so positiv, wie der Angestellte es noch nie erlebt hatte. Es stellte sich heraus, daß der Chef sich für Pferderennen interessierte und mit seinem Leben unzufrieden war, weil er sich mehr als alles andere eine Farm wünschte, auf der er gute Rennpferde züchten konnte. Von da an wartete der Chef jeden Tag darauf, irgendeine Frage zu Pferden gestellt zu bekommen. Die beiden begannen, auf den Sportseiten die Rennen zu verfolgen, und der Angestellte bekam neue Energie und Vitalität, einfach weil er eine Frequenz gefunden hatte, auf der eine positive Resonanz mit seinem Chef bestand.

Auch auf vermeintlich profane Alltagsaktivitäten zu Hause oder bei der Arbeit sollten Sie sich entsprechend einstellen. Das Wäschewaschen etwa können Sie durchaus zu etwas Besonderem machen. Akzeptieren und respektieren Sie es mit der zenähnlichen Einstellung, daß es Sie etwas lehren und Ihrem Leben mehr Intensität und Kraft geben kann. Vielleicht verschafft es Ihnen ein paar ruhige Augenblicke an einem Tag, an dem Sie ansonsten von Termin zu Termin hetzen. Wichtig ist, daß Sie sich nicht darüber beklagen, weil Sie es für einen langweiligen, uninteressanten Aspekt Ihres Daseins halten. Dies führt sehr leicht dazu, daß Sie die Aufgabe als eine Plackerei empfinden und sie entsprechend erledigen, was Ihnen Energie abzieht. Betrachten Sie sie als Chance zur Herstellung einer energiespendenden Resonanz. Wenn Sie das tun, werden Sie feststellen, daß das ganze Leben – auch die schmutzige Wäsche – zu einer Gelegenheit wird, die Batterien wieder aufzuladen.

Es ist natürlich, verstimmt zu werden. Auch wenn Sie die richtige Einstellung zur Lebensenergie haben, müssen Sie auf Ereignisse achten, die Sie aus dem richtigen Gestimmtsein bringen können. Wenn solche Ereignisse auftauchen, sollten Sie versuchen, mit Ihrer Gewohnheit zu brechen, sich emotional in sie zu verstricken, sich endlos Sorgen zu machen oder sich zwanghaft um ein Verständnis der Situation oder eine Lösung des Problems zu bemühen. Stoppen Sie Ihre rein reaktiven Gefühle, Sorgen und Gedanken und fangen Sie sofort damit an, sich wieder richtig zu stimmen. Nachstehend ein paar übliche Dinge, die jedem passieren können und uns verstimmen.

- *Schlechte Nachrichten.* Jemand erzählt Ihnen von einem unerwarteten Ereignis, mit dem Sie nicht gerechnet hatten, zum Beispiel einer Krankheit, einer schwierigen Beziehung oder dem Verlust des Arbeitsplatzes.
- *Ein kleiner Unfall.* Nicht nur die großen werfen uns aus der Bahn. Auch kleinere »Unfälle mit Blechschaden« und ein

Sturz auf dem Bürgersteig können Sie aus dem Gleichgewicht bringen.
- *Entbehrungen.* Wenn Sie nicht bekommen, was Sie wirklich brauchen, kann dies Ihren Organismus erschöpfen. Dies gilt nicht nur für Ernährung, Schlaf, körperliche Betätigung und Geld, sondern auch für aufbauende Unterhaltung, Sex, Zeit zum Ausruhen und Zeit zum Tanzen.
- *Zuviel des Guten.* Manchmal wissen wir nicht, wann es an der Zeit ist, den Teller beiseite zu schieben, die Party zu verlassen oder den Fernseher abzuschalten. Das übermäßige Schwelgen im Angenehmen kann unseren Organismus genauso leicht verstimmen wie der Mangel an diesen Dingen.
- *Selbstkritik.* Wenn Sie zuviel Zeit damit verbringen, sich zu bewerten, wird dies Ihren inneren Richter dazu veranlassen, Ihr Leben als vergeudete Anstrengung zu verurteilen.
- *Nicht genug Lachen.* Heilendes Lachen stellt eine der besten natürlichen Methoden dar, sich zu stimmen. Enthalten Sie es sich nicht vor. Zuviel Ernsthaftigkeit zieht Ihnen Lebenskraft ab.
- *Erfolg.* Erfolge können Sie genauso unachtsam machen wie Niederlagen und dafür sorgen, daß Sie nicht mehr richtig gestimmt sind.

Achten Sie auf solche Vorfälle, wenn die ersten Anzeichen sichtbar werden. Machen Sie eine Pause und treten Sie gedanklich und real einen Schritt von dem zurück, was Sie gerade tun, um eine Energiepause einzulegen und sich wieder richtig zu stimmen. Bekämpfen Sie das unerwartete Ereignis nicht, und setzen Sie ihm keinen Widerstand entgegen, sondern finden Sie eine Möglichkeit, es so zu nutzen, daß seine Energie umgeleitet wird und Ihnen hilft, eine vitalisierende Resonanz zu finden.

Wenn Sie zum Beispiel bemerken, daß Sie gerade Geld verloren haben, können Sie beobachten, wie Sie anfangen, sich aufzuregen, und dann diesem emotionalen Prozeß gedanklich eine andere Richtung geben. Sagen Sie sich etwas, das das Ereignis nicht leugnet oder bekämpft. Sagen Sie sich also nicht: »Es wird schon wieder besser werden«, oder »Das werde ich schon schaffen.« *Verbinden Sie sich* statt dessen mit dem, was Ihnen einen Schlag versetzt hat – in diesem Fall dem Gedanken »Ich verliere mein Geld« – und übertreiben Sie ihn dann zu absurden Aussagen wie: »Das ist der Anfang vom Ende. Wenn mein ganzes Geld weg ist, kann ich endlich meinen Traum vom Dolce far niente verwirklichen.« Vielleicht führt Ihr Sinn für Absurdität Sie auch in eine andere Richtung: »Vielleicht sollte ich auch mein restliches Geld weggeben, dann brauche ich keine Angst mehr zu haben, daß ich es verliere.« Bei diesen Reaktionen setzen Sie »geistiges Judo« ein. Sie fließen mit der Kraft, die Sie überrollt hat, und bewegen sie auf ein imaginiertes oder absurdes Ende zu. Auf diese Weise bleiben Sie nicht bei den Sorgen über die Situation hängen, sondern bekommen neue Energie, um die Probleme anzugehen.

Wenn wirklich schlechte Nachrichten uns schockieren, empfinden wir schnell eine überwältigende Panik, das Gefühl, daß unser Leben außer Kontrolle geraten ist. Wenn Sie plötzlich entlassen werden, eine Beziehung verlieren oder mit einem Prozeß bedroht werden, stürzen Angst und Sorge gewöhnlich wie eine Lawine auf Sie ein. Diese Panik kann sich in einer Angstattacke Luft machen, bei der Ihr Körper ganz real fiebert und Kälteschauder und Schwitzen sich abwechseln. Es kann auch sein, daß Sie sich schwindlig fühlen und glauben, einen Herzanfall zu haben. All diese Panikreaktionen verleiten uns dazu, die Probleme in unseren Verstand hereinzunehmen, wo Gedanken und Gefühle nun wie ein Hurrikan durcheinanderwirbeln. Je mehr wir an die Situation denken und je mehr Sorgen wir uns ihretwegen machen, desto schlechter fühlen wir uns, und desto mehr Lebenskraft wird uns abgezogen.

Es gibt einen Ausweg aus diesem Hamsterrad; er verlangt, daß wir die Energie der Panikreaktion – die gleiche Energie, die das Schwindelgefühl auslöst – nehmen und sie nach außen bringen, indem wir unseren Körper spontan bewegen. Nehmen Sie die Energie nicht nach innen, wo sie Sie in den Energieverlust hineinzieht. Machen Sie statt dessen eine Energiepause und benutzen Sie die Drei-Schritte-Technik der Autokinetik: Lassen Sie die Energie Ihren Körper bewegen, so daß die Panik freigesetzt wird, während Ihr ganzes Wesen in die Einstimmungszone zurückgebracht wird – den Ort, der immer bereit ist, Ihnen in Zeiten großer Not zu helfen. Wenn Ihr Körper von der durch die schlechte Nachricht aufgewühlten Energie bewegt wird, tanzt er die Energie heraus, so daß Ihr Verstand von der Last der Sorgen befreit wird und Friede und Ruhe in Ihnen wiederhergestellt werden.

Mein Rat zum Schutz vor Energieverlust steht im Widerspruch zu den meisten Empfehlungen, die andere im Hinblick auf psychischen und spirituellen Schutz geben. Im allgemeinen wird Ihnen gesagt, Sie sollten einen Schutzwall errichten – eine imaginierte Grenze oder Festung – und dann glauben, dies würde Schädliches von Ihnen fernhalten. Ich glaube, daß jede Einstellung, die Widerstand spiegelt, eine Resonanz erzeugt, die Energie abzieht. Denn wichtig ist nicht, ob wir den Zustrom der schlechten Energie verhindern und den Strom der guten Energie zurückbehalten können, sondern die Qualität der Resonanz, die wir miteinander haben. Interaktionen, die durch Widerstand gespeist sind, führen zu disharmonischen Resonanzen, die uns Energie abziehen. Die Beherzigung der alten Empfehlung »liebet eure Feinde« dagegen erzeugt eine Resonanz, durch die alle Beteiligten von der die Interaktion durchströmenden vitalen Lebensenergie profitieren können.

Kurz gesagt besteht der beste Schutz vor Energieverlust darin, das Leben nicht mehr zu bekämpfen. Schließen Sie sich statt dessen dem Leben an und erkunden Sie die zahllosen Möglichkeiten, eine vitalisierende Resonanz herzustellen. Schlüpfen Sie in die Schuhe des anderen. Sprechen Sie seine Sprache. Machen Sie sich die Einstellung zu eigen, daß Sie in jeder Situation, die Ihnen begegnet, den Rhythmus bzw. den Takt des Lebens finden müssen, so daß eine positive Resonanz mit ihr besteht.

Die spielerische Suche nach einer inspirierenden Resonanz ist das Kennzeichen eines guten Jazzensembles. Sobald ein Musiker eine Notenfolge anbietet, steht es den anderen frei, sich ihr anzuschließen und sie ebenfalls zu spielen. Die Musiker geben sich gegenseitig Energie, was alle mit neuer Kraft erfüllt. Ähnlich können Sie das ganze Leben als endlose Jazz-Session sehen, die Ihnen immer wieder Notenfolgen anbietet, mit denen Sie spielen können. Wenn Sie sich dem improvisierten Spiel anschließen, werden Sie Resonanzen finden, die Ihr Leben und das Leben Ihrer »Mitspieler« mit Energie und Inspiration erfüllen.

Die angeborene Fähigkeit aktivieren, sich selbst zu heilen

Jedesmal, wenn Sie Autokinetik machen, bringen Sie heilende Energie in Ihren Körper. Anders gesagt: Sie erzeugen eine natürliche Vorbedingung für Gesundheit und Wohlbefinden. Außer dieser generell heilenden Wirkung gibt es auch spezifische Heileffekte, die mit den Schmerzen und Krankheiten zu tun haben, die manchmal auf uns zukommen. Der therapeutische Nutzen, der eintritt, wenn wir die Lebenskraft durch unseren Körper bewegen, ist von einigen zeitgenössischen westlichen Ärzten beschrieben worden. Dr. Andrew Weil erzählt in seinem hervorragenden Buch *Heilung aus eigener Kraft* von seiner Suche nach großen Heilern. Die Reise führte ihn um die ganze Welt und schließlich wieder ganz in seine Nähe zurück, wo er seinen Mentor findet, den Osteopathen Dr. Robert Fulford.

Dr. Fulford ist die perfekte Verkörperung des herzlichen, fürsorglichen Hausarztes vergangener Zeiten. Allerdings verordnet er selten Medikamente. Seine Methode, die er in seinem Buch *Dr. Fulford's Touch of Life: The Healing Power of the Natural Life Force* beschreibt, beruht fast ausschließlich darauf, daß die Lebenskraft durch den Körper bewegt wird, und zwar besonders zu Stellen, an denen sie ganz oder teilweise blockiert ist. Für Dr. Fulford besteht die beste Medizin gegen die Herausforderungen und den Streß unserer Zeit darin, dem Körper universelle Lebenskraft zuzuführen. Dies gilt sowohl für die Aufrechterhaltung des allgemeinen Wohlbefindens als auch für die Heilung von Krankheiten und Beschwerden.

Traumata jeder Art – Virusinfektionen, physische Schläge

oder emotionale Schocks – bringen uns aus der Gestimmtheit und können dazu führen, daß wir seelisch leiden und körperlich krank werden. Allzuoft beschränken wir uns darauf, eine defensive Haltung einzunehmen, und fangen an, die oberflächlichen Symptome zu beseitigen. Der eigentliche Weg zu Genesung und Gesundheit besteht jedoch darin, das ganze Wesen richtig zu stimmen.

Die fortschrittlichste Auffassung vom Heilen erkennt an, daß Symptome im allgemeinen Signale eines tieferliegenden, systemischen Musters sind, das durch medizinische, psychologische oder auch mediale Diagnosen nicht wahrgenommen bzw. festgestellt werden kann. Wenn Sie sich zu sehr auf Symptome und Krankheiten konzentrieren, entfernt Sie dies vom Feld der Lebensenergie, das den Rahmen für Ihre Heilung bildet. Wenn Sie richtig gestimmt sind, aktiviert dieses Feld alle inneren Heilungsprozesse Ihres Körpers und setzt die natürliche Heilkraft frei, die aus der Lebensenergie entsteht. Dies ist die höchste Ebene des Heilens.

Ich meine damit nicht, daß Sie die Angebote der modernen Medizin nicht mehr nutzen und sich ausschließlich auf eine Energietechnik verlassen sollten. Ich meine, daß alle Heilmethoden, alle Therapien und alle Medikamente optimal wirken, wenn Sie dafür sorgen, daß die Lebenskraft leichter fließt. Dr. Elmer Green, der emeritierte Direktor des *Voluntary Controls Program* an der Menninger-Klinik in Topeka/Kansas, glaubt, daß die alternative bzw. komplementäre Medizin – und, wie ich betonen möchte, die Energieheilung – etwa 70% aller Beschwerden angemessen behandeln kann, die Ärzten vorgetragen werden. Ich glaube, daß die Behandlung der restlichen 30%, bei denen dramatischere Interventionen erforderlich sind (oder auch nicht) – Operationen oder Medikamente –, durch einen Kontext, der die heilende Energie der Lebenskraft versteht und fördert, wesentlich effizienter verlaufen kann.

Erste Ansätze zu einer Kooperation von Schulmedizinern und Energieheilern sind bereits vorhanden. Am Krankenhaus der Columbia-Universität legt die Heilerin Julie Nott den Patienten im Operationsraum bei einer Herztransplantation die Hände auf. Im Bereich der medizinischen Forschung hat Dr. Robert Becker, Professor für Orthopädie am *Upstate Medical Center* in New York, festgestellt, daß Knochenbrüche und Verletzungen schneller heilen, wenn dem Patienten eine Energie zugeführt wird, die mit etwa acht Zyklen pro Sekunde schwingt. Weitere Forschungen und therapeutische Untersuchungen in dieser Richtung wären wünschenswert. Durch die Einrichtung eines Büros für alternative Medizin bei der staatlichen Gesundheitsbehörde der USA mehren sich jedenfalls die Anzeichen dafür, daß das Gesundheitswesen sich wieder für traditionelle Formen der Medizin und des Heilens öffnet, die seit Tausenden von Jahren bekannt sind.

Wenn Kranke mich um Hilfe bitten, stelle ich die Behandlung, die sie von ihren Ärzten oder Heilpraktikern erhalten, nie in Frage. Ich sage nur, daß es nichts Besseres gibt, als ihrem Körper ein bißchen Lebenskraft zuzuführen, und zwar mit den einfachen und sanften Bewegungen der Autokinetik. Bei einer Konferenz in Santa Clara in Kalifornien etwa kam eine ältere Frau mit Brustkrebs zu mir und bat mich, ihr Autokinetik beizubringen. Ich erklärte, daß die Spontanübungen ihre medizinische Behandlung unterstützen könnten, denn in einem mit Energie erfüllten Körper kann die heilende Lebenskraft die Wirkung aller therapeutischen Maßnahmen verstärken. Medikamente und Operationen, fuhr ich fort, wirken am besten bei einem Körper, dem täglich Lebensenergie zugeführt wird. Dies hilft dem Körper, positiv auf die korrigierenden

Maßnahmen und Verfahren der konventionellen wie auch der nichtkonventionellen Medizin zu reagieren. Die Frau fing an, Energiepausen zu machen, und praktizierte gewissenhaft ihre autokinetischen Übungen; in der Folge wurden sowohl ihre Einstellung als auch ihre Reaktion auf die Behandlung ihrer Ärzte positiver. Sie fand die erhoffte Heilung und kehrte mit einem starken Gefühl für Genesung und Gesundheit in ihren Alltag zurück.

Heilung erleben

Die Hand als Wünschelrute benutzen. Wenn Leute eine Energiepause machen und Autokinetik praktizieren, lernt der Körper, sich selbst zu heilen und sein eigener Therapeut zu werden. Dies fängt oft so an, daß sich Ihre Hände unwillkürlich über bestimmte Körperteile bewegen. Wenn dies geschieht, sollten Sie dem nachgeben und sich durch Klopfen, leichtes Schlagen, Massieren, Stoßen, leichtes oder kräftigeres Schütteln und Bewegen auf jede Weise berühren, zu der sie sich hingezogen fühlen. Lassen Sie zu, daß Ihre Hände wie eine Wünschelrute Ihren Körper absuchen. Wenn Sie ihnen ein eigenes Wissen zugestehen, verfallen sie in natürliche Bewegungen, die Heilungsprozesse aktivieren.

Ich habe einmal mit einer Frau gearbeitet, die in Toronto Krankenpflege unterrichtete und den therapeutischen Nutzen der Autokinetik sofort begriff. Nachdem sie sie ein Jahr lang praktiziert hatte, stellte sie fest, daß ihre täglichen Übungen zu Selbstmassagesitzungen geworden waren. Ihre Hände bearbeiteten ihren Körper und linderten die Schmerzen, die durch ihre Arbeit bedingt waren. Als sie andere in dieser Methode unterwies, erlebten auch sie ihren therapeutischen Nutzen. Mit zunehmender Praxis spürten sie immer besser, wohin ihre Hände wandern wollten, und wie sie ihren Körper berühren sollten. Die Autokinetik wurde zu einem Hilfsmittel, das ihnen sagte, was sie tun sollten, und zwar spontan, ohne Lehrbuch.

Wenn Sie Autokinetik zum Zweck der Selbstheilung betreiben, sollten Sie nicht den Fehler begehen, nur auf Ihre offensichtlichen Schmerzen und Wehwehchen zu reagieren. Wenn Sie beispielsweise Muskelkater in den Waden haben, sollten Sie sich nicht darauf beschränken, besonders absichtsvoll die Waden zu massieren. Manchmal bekommt es unseren Schmerzen am besten, wenn wir andere Teile unseres Körpers heilend berühren. Ich werde nie vergessen, wie ich einmal mit Troup Matthews arbeitete, der nach der Alexandermethode vorging, einem klassischen Zugang zu Körperbewegungen. Ich beklagte mich über Nackenschmerzen, und er fing an, meine Knöchel zu bewegen. Zu meiner großen Überraschung gingen die Nackenschmerzen weg. Wenn uns an einer bestimmten Stelle etwas weh tut, vergessen wir schnell, daß unser Körper ein Gesamtorganismus ist. Viele asiatische Traditionen erinnern uns daran, daß wir ein einziges Organ sind, das aus miteinander verbundenen Teilen besteht. Lassen Sie daher die Gedanken, die Sie nur zu den schmerzenden Stellen leiten, zumindest vorübergehend beiseite und erlauben Sie Ihren Händen und Ihrem Körper, sich so zu bewegen, wie sie wollen.

Echos früherer Verletzungen. Wenn eine Heilung stattfindet, kann es zu den folgenden Erfahrungen kommen: Bereiche Ihres Körpers fühlen sich taub an. Es kann sogar sein, daß Sie einen Augenblick lang das Empfindungsvermögen in den

Händen, am Kopf oder an anderen Körperstellen verlieren und dann bemerken, daß diese Stellen anfangen zu kribbeln. Dies geschieht, weil die Lebenskraft die Poren Ihrer Haut öffnet und verschiedene Bereiche unter der Haut besser durchblutet werden. Es zeigt, daß die Lebenskraft sich durch Sie hindurchbewegt. Es kann auch zu leichten körperlichen Schmerzen kommen, besonders an Stellen, die alten Verletzungen entsprechen. Falls Sie früher mit Magenschmerzen, Kopfschmerzen, Arthritis oder anderen Beschwerden zu kämpfen hatten, kann es sein, daß diese vorübergehend verstärkt werden, weil die Lebenskraft die Energiezirkulation durch diese Problemzonen intensiviert.

Heilsames Schwitzen. Wenn Sie mindestens 10 bis 20 Minuten Autokinetik machen, kann es auch sein, daß die Energie Ihren Körper aufheizt. Manche Leute schwitzen nach den Spontanübungen reichlich und fühlen sich dadurch noch mehr gekräftigt. Einige traditionelle Völker betrachten den Schweiß, der aus einem energetisierten Körper austritt, als Medizin, und der Betreffende wischt ihn auf Körperbereiche, die der Heilung bedürfen. Akzeptieren Sie das »Transpirationswasser« als gesundes Zeichen dafür, daß die Lebenskraft in Ihnen ein heilendes Feuer entzündet.

Fingertanzen. Vielleicht wollen Sie Ihre Finger so betrachten wie eine meiner Klientinnen, nämlich als Miniaturtänzer, die auf Ihrer Hautoberfläche Bewegungen improvisieren. Denken Sie an dieses Bild und erlauben Sie Ihrem Körper, in einer endlosen Choreographie improvisierter Bewegungen mit sich selbst zu tanzen. Auch Handflächen, Ellbogen und Füße können über verschiedene Körperteile »tanzen«. Lassen Sie alle Vorstellungen darüber los, wie Sie sich berühren *sollten*; kümmern Sie sich nicht um Ihnen bekannte Techniken der Massage, der Körperarbeit oder anderer Heilmethoden. Experimentieren Sie!

Schütteln. Eine andere heilende Bewegung, die Sie vielleicht näher untersuchen wollen, ist das Schütteln. Experimentieren Sie damit, Arme und Hände schlingern zu lassen, und lassen Sie zu, daß dieses Hin- und Herschaukeln zu einem kräftigen Schütteln wird. Ihr Körper kann sich von einer Seite zur anderen, von vorne nach hinten oder auf und ab bewegen. Denken Sie daran, wie ein Hund sich schüttelt, wenn er naß geworden ist. Versuchen Sie, das gleiche mit Ihrem Körper zu tun. Probieren Sie aus, ob das Schütteln in einen natürlichen Heilrhythmus übergeht. (In Kapitel 5 beschreibe ich, daß Heiltraditionen auf der ganzen Welt das Schütteln benutzen, um die Lebenskraft durch den Körper zu bewegen.)

Als ich nach Afrika zu den Buschmännern der Kalahari unterwegs war, saß ich im Flugzeug neben einem südafrikanischen Arzt. Er begann, über seinen Beruf zu reden, und erzählte, er sei der Arzt, der den Film *Die Götter müssen verrückt sein* – eine Komödie über die Buschmänner – als Mediziner begleitet hatte. Irgendwann im Verlauf der Dreharbeiten wurde der Star des Films in einem Zustand, den niemand verstand, zu ihm gebracht. Sein Körper zuckte und schüttelte sich. Er war tief in Trance und nicht ansprechbar. Ein paar schnell durchgeführte medizinische Untersuchungen ergaben nichts, was die Bewegungen hätte erklären können. Weder der Arzt noch das übrige medizinische Personal erkannten, daß der Buschmann sich in eine Heiltrance begeben hatte und seine Gesundheit und seine Vitalität wiederherstellte. Am nächsten Tag hatte das Schütteln aufgehört, und der Mann war voller Energie und bereit zu arbeiten.

Sie brauchen sich nicht so heftig zu schütteln wie dieser Buschmann, aber vielleicht lohnt es sich, eine Zeitlang mit den Schüttelbewegungen zu experimentieren, die Ihnen neue Möglichkeiten zur Selbstheilung eröffnen können. Versuchen Sie, ob Sie ein paar natürliche Töne produzieren können, während Sie vibrieren, sich schütteln oder wiegen. Auf der ganzen Welt haben Völker, die Energieheilung praktizieren, immer wieder festgestellt, daß die spontane Äußerung eines Tons heilend wirkt. Erlauben Sie Ihrer Stimme, hörbare Schwingungen zu produzieren, wenn sich das für Sie natürlich anfühlt.

Die Schwingungen der Schönheit. Wichtig ist auch der Ort, den Sie für Ihre Energiepause aussuchen. Er sollte Ihre Stimmung heben und schön sein. Entwickeln Sie dieselbe Einstellung wie die Navajoindianer, die ihr Leben mit natürlicher Schönheit erfüllen und genau wissen, daß der »Weg der Schönheit« zu spiritueller Heilung und Harmonie führt. Legen Sie auch Wert auf Schönheit in Ihrem Leben, sei es durch die Art, wie Sie sich kleiden, die Worte, die Sie sprechen, die Präsentation Ihrer Mahlzeiten, mit Kunst oder einfach dadurch, daß Sie von Zeit zu Zeit Blumen mit nach Hause bringen. Schönheit hebt die Schwingungen Ihres Lebens und läßt die heilende Energie leichter durch Ihr Zuhause fließen. Sie ist eine Medizin, die alle Sinne erfreut.

Finden Sie Ihren eigenen Weg. Der beste Rat, den Ihnen jemand geben kann, ist schließlich folgender: Finden Sie Ihren eigenen Weg, d. h., entdecken Sie Ihre eigene Stimme und Ihre eigenen heilenden Berührungen. Es ist egal, ob Ihre Hände dabei kalt oder warm werden. Es ist egal, ob Sie sich kräftig schütteln oder weniger aktiv sind. Sie können eher innerlich oder eher äußerlich vibrieren. Sie können schreien oder schweigen. Viele Wege, einer für jeden von uns, führen zu der für uns richtigen Heilmethode.

Vielleicht wollen Sie aber jedesmal an die folgenden grundlegenden Autokinetik-Richtlinien denken, wenn Sie Schmerzen oder Krankheiten haben und die Lebensenergie zu Hilfe nehmen möchten, damit Therapie und Genesung besser verlaufen:

- Lassen Sie zu, daß die natürlichen Bewegungen der Autokinetik Sie dazu führen, sich spontan zu berühren und zu bewegen.
- Lassen Sie zu, daß diese heilenden Bewegungen eine eigene Dynamik entwickeln, zu der massageähnliche Berührungen, der Tanz der Finger, das Schütteln des Körpers, das Hervorbringen von Tönen und andere improvisierte heilsame Bewegungen gehören können.
- Bringen Sie die Gedanken zum Schweigen und gestehen Sie Ihren Händen und Ihrem Körper einen eigenen Verstand zu. Mit zunehmender Praxis werden Ihre Hände wie Wünschelruten, die sich dahin bewegen, wo sie gebraucht werden, ohne daß Sie sie bewußt zu dirigieren brauchen.
- Praktizieren Sie diese Selbstheilung an einem Ort, dessen Schönheit Sie beflügelt.
- Denken Sie an den wichtigsten Aspekt der Autokinetik: Daß Sie in die Einstimmungszone kommen, den Ort, an dem eine positive Resonanz zur Lebensenergie besteht. Die Einstimmung auf die Lebenskraft aktiviert Ihre inneren Heilungsprozesse und macht Ihnen die Heilenergie des Lebens verfügbar.

Wenn Sie lernen, Ihr ganzes Wesen – Körper, Verstand und Seele – zu heilen, werden Sie feststellen, daß Sie die gesamte

Heilkraft in sich haben, und daß die ursprünglichste Methode darin besteht, die eigenen inneren Heilungsprozesse zu wecken.

Albert Schweitzer sagte einmal: »Jeder hat seinen Arzt in sich ... Wir sind am besten, wenn wir dem Arzt, der in jedem Patienten wohnt, die Chance geben, sich an die Arbeit zu machen.« Finden Sie die Resonanzen, die heilende Energien in Ihnen aktivieren. Haben Sie keinen anderen Wunsch als den, Ihr ganzes Wesen richtig zu stimmen. Wenn Ihr Instrument gestimmt ist, kann es sein, daß Sie die heilenden Schwingungen mit Ihrer Stimme äußern wollen.

Wenn ich in der Welt herumreise, um Autokinetik zu lehren, bin ich immer wieder erfreut zu hören, daß bei vielen Menschen im Publikum Kopfschmerzen und andere körperliche Beschwerden manchmal schon verschwinden, wenn sie die Spontanübungen ein einziges Mal praktizieren. In Cambridge/Massachussets etwa stellte ein Philosophielehrer überrascht und erfreut fest, daß seine chronischen Rückenschmerzen verschwanden, nachdem er ein Wochenende mit Autokinetik gearbeitet hatte. Die Schmerzen waren seit über 20 Jahren dagewesen und hatten auf keine Behandlung angesprochen. Aber ein paar Versuche, sich mit der Lebenskraft zu bewegen, reichten aus, um die Schmerzen zu beseitigen und eines jener wunderbaren Ergebnisse spontaner Bewegung herbeizuführen.

Ich wurde einmal gebeten, mit einem stark geschwächten Mann zu arbeiten, der ein Leberleiden hatte. Die Ärzte gaben ihm nur noch ein paar Wochen zu leben, und er war so schwach, daß er auf einer Bahre getragen werden mußte. Er war Schauspieler gewesen und hatte früher die Hauptrolle in dem Broadway-Musical *Jesus Christ Superstar* gespielt. Steven und Robin Larson, die bekannten Autoren der Biographie über Joseph Campbell, halfen mir, eine spezielle Heilungszeremonie für ihn durchzuführen. Wir bewegten den Puls des Lebens durch seinen Körper und waren Zeugen, wie der Wunsch zu leben in ihn zurückkehrte. Er sang ein Lied, schrie seine Freude heraus und redete von einem imaginären Liebesakt. Die einfachen Bewegungen des Lebens hatten ihn glücklich gemacht und ihm eine Nacht ohne Schmerzen und voller Ekstase beschert.

Die Schwingungen der heilenden Energie fühlen sich wie die reinste Form des Entzückens an, das wir erleben können. Die Heilung – von sich selbst oder anderen Menschen – ist eine sehr angenehme Erfahrung. Sie führt dazu, daß Ihr ganzer Körper prickelt und vibriert vor Glück, lebendig zu sein. Bei diesem Vorgang gibt es weder bösen Willen noch negative Emotionen; vielmehr öffnen Sie sich für die Energie, die ohne Wertung oder Hintergedanken liebevoll heilt. Diese Glückseligkeit ist das Kennzeichen eines vollkommen richtig gestimmten Menschen. Sie ist unser größtes Geschenk aneinander und an uns selbst.

Bewegungsmeditation

Auch die klassischen Formen der Meditation tragen Sie in die Einstimmungszone und geben Ihnen neue Kraft. Die meisten Meditierenden machen eine paradoxe Erfahrung: Wenn Ihnen gesagt wird, sie sollten still sein und ihren Verstand zur Ruhe bringen, stellen sie fest, daß ihr Verstand nicht still ist und ihr Körper herumzappeln will. Die Gedanken jagen im Kreis und überlegen, was es wohl bedeutet, nicht zu denken, oder machen sich Sorgen, weil sie nicht aufhören können, sich

Sorgen zu machen, oder lassen vergangene Ereignisse und zukünftige Strategien immer wieder vor dem inneren Auge ablaufen.

Ihr Verstand und Ihr Körper wollen einfach nicht ruhig sein. Das Universum ist nicht ruhig, und alles in Ihnen bewegt sich – Ihr Herz schlägt, Ihr Blut fließt, und Ihr Gehirn vibriert vor Elektrizität. Menschen, die Schwierigkeiten haben, still zu meditieren, empfehle ich als Alternative die Autokinetik.

Die Autokinetik ist eine Bewegungsmeditation, die durch spontane Bewegungen einen natürlichen Seinszustand erzeugt, in dem Sie eins sind mit dem Ozean des Lebens. Die Bewegungen bringen den Verstand zur Ruhe und befreien ihn von seinem ablenkenden Geplapper. Die Autokinetik macht Ihren Verstand leer, denn sie veranlaßt Sie dazu, was Sie bewegt, spontan auszuagieren. Infolge dieser Leere können Sie sich im Takt des Lebens bewegen und sich richtig stimmen.

Die Autokinetik macht Sie mit dem perfekten Lehrer bekannt, der Sie zum richtigen Zeitpunkt lehrt, was Sie wissen müssen. Dieser Lehrer ist niemand anderes als die natürlichen Bewegungen Ihres Körpers. Sie werden selbst feststellen, daß sich die Anleitung, die Sie in irgendeinem Bereich Ihres Lebens brauchen, auf natürliche Weise zeigt, wenn Sie sich natürlich bewegen.

In seinem Bestseller *The relaxation response* legt Dr. Herbert Benson dar, was er für die vier Grundelemente der Meditation hält: 1. eine ruhige Umgebung; 2. ein Wort, ein Bild, ein Klang oder ein Gefühl, auf das man sich konzentrieren kann; 3. eine passive Einstellung und 4. eine bequeme Haltung. Er und seine Kollegen von der Harvard-Universität haben eine erfolgreiche Technik zur Herbeiführung einer meditativen Entspannung vorgeschlagen, bei der Sie die Augen schließen und 10 bis 20 Minuten lang Ihre Atemzüge zählen;

dabei bleiben Sie ganz passiv und erlauben ablenkenden Gedanken nicht, Ihre Konzentration zu stören.

Die Autokinetik bringt eine neue Dimension in die bekannten Meditationstechniken ein und erzielt ihre positiven Ergebnisse auf natürliche, mühelose Weise. Wenn der Körper sich spontan bewegt, erzeugt er sofort einen tranceähnlichen, meditativen Bewußtseinszustand. Der Verstand wird ohne Schwierigkeiten oder Anstrengungen ruhig, und der Körper ist entspannt, gleichzeitig aber auch energiegeladen. Die Autokinetik unterstützt die ursprünglichen Ziele alter und neuer Meditationsformen, bietet aber eine schnelle und mühelose Methode zum Erreichen dieser Ziele. Sie weiß, daß ein entspannter Körper Heilungsprozesse fördert, erkennt aber auch an, daß Entspannung die Folge eines richtig gestimmten Körpers ist. Die Metapher vom Stimmen suggeriert, daß Entspannung und Energie Hand in Hand gehen und nicht voneinander zu trennen sind. Die Autokinetik macht uns Entspannung und überlieferte Meditationstechniken verständlicher und ermöglicht darüber hinaus den Kontakt zur noch älteren Energiearbeit traditioneller Völker. Eine Energiepause beseitigt Ihren Streß und stimmt Ihr ganzes Wesen, so daß Sie entspannt *und* energiegeladen sind.

Wie die Lebensenergie Ihr Eßverhalten verändert

Jedes neue Ernährungsprogramm zum Abnehmen brüstet sich damit, das einzig wahre und richtige Heilmittel für alle erdenklichen Gewichtsprobleme zu sein. Aber trotz zahlloser Diät- und Gewichtskontrollprogramme und Hunderten von

Kliniken für Eßstörungen haben Millionen Menschen immer noch Probleme mit ihren Pfunden. Die Gesellschaften, die seit alters her mit der Lebensenergie arbeiten, wissen jedoch etwas, was uns bislang entgangen ist: Es gibt keine Diät, die bei jedem funktioniert, und es wird auch nie eine geben. Uns ist auch verborgen geblieben, daß das Problem im allgemeinen weniger mit dem zu tun hat, was wir wissen, als mit dem Energiezustand, in dem wir uns befinden. Letztendlich entscheidet nämlich die Energie über unsere Gesundheit: Wenn Sie genug universelle Lebenskraft haben, können Sie Nahrung besser verarbeiten und in Energie umwandeln, anstatt sie als überzählige Kalorien und Zellulitis zu speichern.

Die älteste Methode zur Gewichtskontrolle besteht darin, die Lebenskraft zu verstärken. Die asiatische Auffassung vom Essen betont die Energie und hat erkannt, daß man flexibel ans Essen herangehen muß. Das bedeutet, daß Ihre Ernährung sich mit den aktuellen Bedürfnissen Ihres Körpers immer wieder verändert. Dies ist einer der ältesten Grundsätze der chinesischen Medizin.

Wenn Sie täglich die Spontanübungen machen, die Ihrem Körper Lebenskraft zuführen, fallen Ihnen auch neue Methoden zur Steuerung Ihres Eßverhaltens ein. Wenn Sie lernen, sich zu stimmen, werden Sie nämlich ganz nebenbei sensibler für das, was Ihr Körper an Lebensmitteln verlangt. Anstatt ein roboterähnliches Opfer schlechter Ernährungsgewohnheiten zu sein, fangen Sie an, Ihrem Körper zu überlassen, was und wieviel er essen will.

Sabotieren Sie schlechte Eßgewohnheiten. Ich empfehle meinen Klienten oft, die Autokinetik in Verbindung mit Anregungen aus dem Zen zu verbinden. Ich sage ihnen nie, was sie essen sollen und was sie nicht essen sollen. Statt dessen schlage ich ungewöhnliche Methoden vor, die ihre Ernährungsgewohnheiten unterbrechen. Einem Klienten, der mit seinem Gewicht kämpfte, empfahl ich einmal, in der nächsten Woche genau ein Pfund zuzunehmen. Da sein Problem etwas mit »Kontrolle« zu tun hatte, konnte er meines Erachtens etwas Wichtiges lernen, wenn er herausfinden würde, wie er genau ein Pfund zunehmen konnte, nicht mehr und nicht weniger. Er nahm ein Pfund zu, und anschließend die 30 Pfund, die er verlieren wollte, ab. Da seine Gewohnheit, zuviel zu essen, bei seinem ersten Besuch bei mir stark ausgeprägt war, benutzte ich sie als Hilfsmittel; ich arrangierte es so, daß er eine positive Erfahrung mit dem Thema »Kontrolle« hatte, anstatt bei seinen üblichen Anstrengungen, nicht zuviel zu essen, eine Niederlage zu erleben. Sobald das Thema »Kontrolle« erfolgreich bewältigt war, konnte er sein Wunschgewicht realisieren.

Was auch immer Sie von einer achtlosen Eßgewohnheit wegbringt, diese sabotiert, unterbricht oder überlistet, trägt dazu bei, Ihren Verstand frei zu machen, so daß er überhaupt erst hören kann, was Ihr Körper essen will. Das Problem besteht nicht darin, daß Sie das Falsche wollen, sondern daß Sie in einer festgefahrenen Ernährungsgewohnheit hängen bleiben. Sie nehmen ein Extrahäppchen zu sich, weil Sie es gewohnt sind, aber diese Gewohnheit verhindert, daß Sie hören, was Ihr Körper wirklich will. Die Weisheit Ihres Körpers, nicht die Gewohnheiten Ihres Verstandes, muß Ihr Eßverhalten bestimmen, egal ob letztere auf vertraute Ernährungsschemata oder neue Diätbücher zurückgehen.

Die folgenden Anleitungen sollen Überraschungsmomente auslösen, die oft humorvoll oder absurd sind und ein »Fenster« für Veränderungen öffnen. Die Gewohnheit wird abgestellt, damit Sie hören können, was Ihr Körper sagen will.

Schlechte Eßgewohnheiten sind wie zuviel Ohrenschmalz: Sie machen es unmöglich zu hören, was wirklich gesprochen wird. Der Trick zum Aufbau einer guten Beziehung zum Essen besteht darin, das Ohrenschmalz zu entfernen, damit Sie hören können, was Ihr Körper essen will.

Der letzte Strohhalm, der der Gewohnheit das Genick brach.
Ich habe zum Beispiel einmal einen jungen Vertreter aus Memphis beraten, der meinte, den ganzen Tag über Softdrinks und Süßigkeiten zu sich nehmen zu müssen. Er war ziemlich oft mit dem Auto unterwegs, um verschiedene Firmen zu besuchen. Bevor er zum nächsten Termin fuhr, füllte er eine Tasche mit Softdrinks und Schokoriegeln, die er während der Fahrt aß. Er meinte, er würde sich damit »eine Menge Zeug ins Gesicht stopfen«, wie er sagte, obwohl er eigentlich gar nicht besonders hungrig sei. Ich schlug ihm ein Experiment vor, das ihn mit einer anderen Möglichkeit bekanntmachen würde, eine Menge Zeug ins Gesicht zu bekommen. Ich bat ihn, dies jedesmal zu tun, bevor er zu seinem nächsten geschäftlichen Termin fuhr. Und zwar sollte er ein Glas seines Lieblingsgetränks mit so vielen Strohhalmen trinken, wie er konnte. Am nächsten Tag sollte er das gleiche Getränk trinken, aber mit einem Strohhalm weniger. Das sollte er an jedem Arbeitstag wiederholen, bis keine Strohhalme mehr da waren.

Die Erfahrung, all diese Strohhalme im Mund zu haben und dann einen nach dem anderen wegzunehmen, reichte zu seiner großen Überraschung zur Unterbrechung seiner schlechten Gewohnheit aus. Als er mich fragte, warum er von seiner alten Gewohnheit weggekommen sei, antwortete ich, im Grunde hätte er gewußt, daß er das in Wirklichkeit gar nicht tun wollte, denn sonst hätte er mich nicht um Hilfe gebeten. Aber er wollte ja auch bewußt von seiner schlechten

Gewohnheit loskommen, und so brauchte er sich nur selbst einen Knüppel zwischen die Beine zu werfen. Durch die Strohhalmübung konnte er sich »eine Menge Zeug ins Gesicht stopfen«, aber weil er jeweils einen Strohhalm wegnahm, kam er von seiner schlechten Gewohnheit ab. Als wir schließlich mit Humor über seine Situation nachdenken konnten, kam er auf den letzten Strohhalm, der der Gewohnheit das Genick gebrochen hatte. Er konnte sich jetzt weiterentwickeln, ohne von dieser Gewohnheit terrorisiert zu werden – sie hatte keine Gewalt mehr über ihn.

Während er seine alte Gewohnheit aufgab, bat ich ihn, die innere Stimme seines Körpers durch Autokinetik zu verstärken. Ich schlug vor, er solle den Strom der Lebensenergie bitten, so laut zu sprechen, daß er hören konnte, was sie ihm in puncto Essen zu sagen hatte. Mit Hilfe dieser Energiepausen lernte er, sich gesünder zu ernähren und das Essen auf bislang unbekannte Weise zu genießen.

Sie haben immer die Wahl. In Seattle kam einmal die Mutter von drei kleinen Kindern zu mir, die bei sich zu Hause eine Kindertagesstätte eingerichtet hatte. Sie meinte, sie könne nicht aufhören zu essen: »Wenn es auf dem Tisch steht, esse ich es, auch wenn ich es nicht will.« Sie war vollkommen überzeugt, nicht nein sagen zu können, und konnte sich an kein einziges Mal in letzter Zeit erinnern, bei dem sie nicht alles gegessen hatte, was ihr unter die Gabel geraten war. Ich war der Meinung, daß sie zur Befreiung von diesem zwanghaften Eßverhalten eine ausgefallene Erfahrung brauchte – nämlich die, *nicht* alle Speisen zu essen, die bei einer Mahlzeit auf dem Tisch standen. Die Erfahrung mußte ungewöhnlich sein, damit sie sich blitzartig bewußt werden konnte, daß sie in der Lage war, nicht alles essen zu müssen.

Also arrangierten wir folgendes: Nach einer Energiepause sollte sie in ihre Küche gehen, sich auf eine kleine Trittleiter stellen und eine Mahlzeit essen, die sie oben auf dem Kühlschrank deponiert hatte. Bei jedem Bissen sollte sie laut sagen: »Eigentlich esse ich gar nicht alles, was mir unter die Gabel gerät.« Als sie meinen Vorschlag dann realisierte, fing sie an zu lachen, denn ihr wurde klar, daß sie tatsächlich nicht all das aß, was im Kühlschrank unter ihrem Teller und ihrer Gabel war. Die Absurdität ihrer früheren Überzeugung und der Situation wurde ihr überdeutlich, und das reichte aus, um ihr eine neue Einstellung und eine neue Beziehung zum Essen zu vermitteln. Jedesmal, wenn sie sich versucht fühlte, etwas zu essen, was sie eigentlich gar nicht essen wollte, dachte sie daran, wie sie diese Mahlzeit oben auf dem Kühlschrank verzehrt hatte, und dieser Gedanke löste ein Kichern aus, ein inneres Kitzeln, das den Einfluß der alten Gewohnheit, zuviel zu essen, unterbrach.

Gewohnheiten können einen so starken Einfluß auf unser Leben bekommen, daß wir versucht sind zu glauben, wir könnten keine Entscheidungen mehr treffen. Dies galt auf jeden Fall für eine meiner Klientinnen, die glaubte, in puncto Essen keine sinnvollen Entscheidungen für sich treffen zu können. Dies bezog sich sowohl darauf, was sie aß, als auch darauf, wieviel sie aß. Ich dachte mir eine sehr einfache Methode für sie aus, die sie schnell zur Besinnung brachte und ihr bewußt machte, daß sie immer die Freiheit besaß, die richtige Entscheidung zu treffen. Vor jeder Abendmahlzeit sollte sie einen Ziegelstein und ein Papiertaschentuch vor ihren Teller legen. Wenn sie sich zum Essen hinsetzte, sollte sie den Ziegelstein und das Papiertaschentuch ansehen und zu sich selbst sagen: »Ich habe die Wahl.« Sie wußte, daß die Entscheidung, viel oder wenig zu essen, genauso einfach war wie die Entscheidung, ob sie ein Papiertaschentuch oder einen Ziegelstein aufheben wollte. Die Absurdität ihrer Eßgewohnheit wurde ihr klar, als sie sich beim Abendessen einem Ziegelstein und einem Taschentuch gegenübersah. Sie sollte dann ihren Körper bewegen, mit einer kurzen Autokinetikversion anfangen und darauf warten, daß sie die Einstimmungszone erreichte. Nachdem sie richtig gestimmt war, konnte sie sich daranmachen, ihre Mahlzeit täglich zu essen. Diese neue, unerwartete Erfahrung mit dem Essen befreite sie von ihrer falschen Auffassung, nicht aufhören zu können, und brachte sie dazu, auf ihre eigene innere weise Stimme zu hören.

Sie sind schon halb angekommen. Eine weitere nützliche Methode zur Befreiung von festgefahrenen Eßgewohnheiten besteht darin, daß ich meine Klienten bitte, sich vorzustellen, daß nur die eine Hälfte ihres Körpers das »Gewichtsproblem« hat. Wenn Sie gerne zuviel essen, können Sie das selbst ausprobieren. Mein Ansatz ist durchaus vernünftig, denn der andere Teil von Ihnen versucht ja, das Gewicht unter Kontrolle zu halten und fit zu bleiben. Entscheiden Sie zunächst, welche Seite Ihrer Meinung nach das Problem hat – die linke oder die rechte. Folgen Sie Ihrer Intuition, wenn Sie es nicht wissen. Wenn Sie sich trotzdem nicht sicher sind, können Sie jemanden fragen, den Sie in dieser Hinsicht für intuitiv halten. Lassen Sie jedesmal, wenn Sie daran denken, zuviel zu essen oder »problematische« Lebensmittel zu sich zu nehmen, den Körper zur Problemseite kippen (beugen Sie den Nacken, neigen Sie den Kopf usw.). Wenn Sie »nein« sagen, kehren Sie in die mittlere Position zurück. Wenn Sie nachgeben, bleiben Sie fünf Minuten lang zur Problemseite geneigt. Wenn Sie diese Position gehalten haben, sollten Sie sich hinsetzen und eine kurze Energiepause machen: Schaukeln Sie vor und zurück, bis Sie die Einstimmungszone erreichen.

Diese Übung stellt eine wirkungsvolle Möglichkeit dar, um problematische Eßgewohnheiten, von denen Sie loskommen wollen, zu unterbrechen und die Autokinetik einzusetzen. Wenn Sie so tun, als wäre nur ein Teil Ihres Körpers das Problem, beinhaltet dies auch, daß der Rest Ihres Körpers anders handeln kann. Wenn Sie Ihren Körper zur Seite neigen und dann wieder aufrichten, verändert dies außerdem die gesamte Erfahrung mit dem Problemnahrungsmittel und macht ganz deutlich, daß dies eine lächerliche Erfahrung ist – genauso lächerlich, wie aus einer dummen Gewohnheit heraus etwas zu essen, was Sie in Wirklichkeit gar nicht essen wollen.

Zu meinen Lieblingsfällen in dieser Richtung gehört ein Student aus Arizona, der in die schlechte Gewohnheit verfallen war, in der College-Cafeteria zuviel zu essen. Ich bat ihn einfach, seine Mahlzeiten so zu arrangieren, daß sich alle Speisen auf einer Hälfte des Tellers befanden. Die andere Hälfte des Tellers sollte leer bleiben und ihn so an das erinnern, was er nicht zu essen brauchte. Als er sich daran gewöhnt hatte, die Speisen so auf seinem Teller zu arrangieren, wurde ihm gesagt, er solle damit aufhören. Zu seiner Überraschung packte er sich danach nie mehr auf seinen Teller, als er brauchte. Die Erfahrung hatte einfach ausgereicht, um ihm bewußt zu machen, daß er immer die richtige Entscheidung treffen konnte und daß es eine Illusion war zu glauben, er stehe unter dem Bann einer schlechten Eßgewohnheit. Ein Ausweg aus einer schlechten Gewohnheit besteht tatsächlich darin, sie dadurch abzustellen, daß man sich für eine andere Gewohnheit entscheidet, die einem mehr Freiheiten gibt, sich für das zu entscheiden, was man wirklich will. Sobald Sie sich einmal einen Schritt von einer schlechten Gewohnheit entfernt haben, ist es normal, den nächsten Schritt zu tun – nämlich dem Fluß der Lebenskraft zu erlauben, Sie so zu durchströmen.

Die Energielösung für Gewichtsprobleme. Vielleicht fragen Sie sich, warum jemand solche merkwürdigen Rituale veranstaltet. Denken Sie jedoch daran, daß deren Absicht darin besteht, Ihre Ernährungsgewohnheiten zu durchkreuzen und Ihren Verstand für die Weisheit Ihres Körpers zu öffnen. Wie die Aufgaben und Rätsel, die Zen-Lehrer oder die Schamanen und Heiler traditioneller Völker ihren Schülern geben, veranlassen sie Sie dazu, Ihr gewohnheitsmäßiges Verhalten hinter sich zu lassen und eine Erfahrung zu machen, die Ihnen die Absurdität Ihrer Situation vor Augen führt. Unsere mißliche Lage hat weniger mit einem Eßproblem als mit einer »dummen Gewohnheit« zu tun. Wenn wir unser Festhalten an diesen Gewohnheiten unterbrechen, werden wir freier und erreichen einen natürlichen Seinszustand, in dem wir auf die wahren Bedürfnisse und Wünsche unseres Körpers hören.

Auf dem Weg zu einem gesunden Eßverhalten ist mit der Unterbrechung problematischer Eßgewohnheiten nur die halbe Arbeit getan. Die andere Hälfte besteht darin, Energiepausen zu machen, die die Lebenskraft in Ihren Körper lenken. Dies stärkt den Körper und trägt dazu bei, das gewählte Essen besser zu verwerten. Und es gibt der Stimme Ihres Körpers, die nur darauf wartet, daß Sie ihre Direktiven hören und befolgen, mehr Volumen.

Denken Sie daher an die folgenden Einsichten aus dem Bereich der Energiearbeit, wenn Sie mit Ihren Eßgewohnheiten im Clinch liegen:

- Machen Sie bei einer Entscheidung in puncto Essen eine kleinere Version der Energiepause; fragen Sie sich, während Ihr Körper sich in die Einstimmungszone bewegt, ob er dieses Nahrungsmittel wirklich essen will oder ob dieser

Wunsch eine achtlose Reaktion auf festgefahrene Gewohnheiten darstellt.
- Wenn eine schlechte Gewohnheit Sie im Griff hat, können Sie wie ein Spion versuchen, das gewohnheitsmäßige Muster zu unterwandern und es zu unterbrechen. Machen Sie sich klar, daß Sie kein Sklave dieser Gewohnheit sein dürfen. Anstatt die tief verwurzelte Gewohnheit direkt zu bekämpfen, was im allgemeinen deren Widerstand hervorruft, sollten Sie sie austricksen, indem Sie zunächst *in die Richtung* der Gewohnheit gehen und ihr dann etwas Lächerliches oder Ungewöhnliches zufügen. Dies befreit Sie, denn es macht die Erfahrung so lächerlich und absurd, wie sie tatsächlich ist.
- Lassen Sie sich nicht unnötig von Ernährungsexperten beeinflussen, wenn Sie keine schlechten Ernährungsgewohnheiten haben. Begeben Sie sich in die Einstimmungszone und hören Sie in erster Linie auf den Ruf Ihres eigenen Körpers.
- Wenn Sie einen Bissen essen und er unangenehm oder nicht ganz richtig schmeckt, dann essen Sie ihn nicht. Es ist in Ordnung, seine Meinung zu ändern und zu beschließen, etwas nicht zu essen. Sie können immer beschließen, erst einen Augenblick Pause zu machen und ein paar kleine Körperbewegungen auszulösen, die Sie in Richtung Einstimmungszone bewegen, und dann zu hören, was Ihr Körper sagt. Wenn Ihr Körper etwas wirklich nicht will, kann es durchaus sein, daß das unerwünschte Lebensmittel unangenehm schmeckt oder nicht an den Geschmack herankommt, den Sie in Erinnerung haben.
- Wenn dagegen etwas wirklich gut schmeckt, sollten Sie es auch essen. Aber hören Sie auf, wenn Sie das Gefühl haben, daß Sie genug haben. Wenn Sie sich nicht sicher sind, kön-

nen Sie eine Weile warten, um zu sehen, ob Sie zufriedengestellt sind. Bleiben Sie nicht in der automatischen Gewohnheit hängen, sich vollzustopfen. Warten Sie bei jedem einzelnen Bissen darauf, daß Ihr Körper nach ihm verlangt. Wenn der Zuckerteufel Sie im Griff hat, sollten Sie sich in die Einstimmungszone begeben und besonders intensiv darauf achten, was Ihnen Ihr Körper in bezug auf seine Wünsche zu sagen hat.

- Sagen Sie sich täglich, daß Sie an die Weisheit Ihres Körpers glauben. Vertrauen Sie Ihrem Körper; wenn Sie eine Energiepause machen, können Sie auch die Bewegungen darum bitten, sich deutlicher zu äußern. Versprechen Sie sich, daß Sie sich bemühen werden, ihnen die Aufmerksamkeit zu schenken, die sie verdienen.
- Kultivieren Sie die Überzeugung, daß jede Speise Sie nähren wird, wenn Sie in die richtige Energieresonanz mit ihr kommen; es kann allerdings trotzdem sein, daß nicht jedes Lebensmittel jederzeit richtig für Sie ist.
- Machen Sie sich während des Essens klar, daß Sie eine energetische Begegnung mit dem Leben haben. Die Lebenskraft eines anderen Lebewesens überträgt Ihnen seine Energie. Betrachten Sie das Essen als Energieerlebnis und nicht als die alltägliche Erfahrung, etwas zu konsumieren.

Die energiezentrierte Lebensweise bringt Sie an einen Tisch ohne Diätbücher oder Programme zur Gewichtskontrolle. Sie fordert Sie auf, sich nicht von achtlosen Gewohnheiten oder den widersprüchlichen Anweisungen sogenannter Experten beherrschen zu lassen. Niemand kann wissen, was Sie am besten essen sollten, außer Ihrem eigenen Körper. Er ist für Sie der perfekte Ernährungsberater. Machen Sie Ihren Eßtisch von äußeren Ablenkungen frei und lernen Sie, auf Ihr eigenes inneres Wissen zu hören. Überlassen Sie die Sorge um Ihre Ernährung Ihrem Körper und erlauben Sie ihm, sich mit Weisheit an der Energie zu laben, die das Leben Ihren Eßerfahrungen bringt.

Eine andere Art von Sport

Oft begegnen wir zwei Einstellungen in puncto Sport, die beide das Wohlbefinden des Körpers *nicht* fördern. Die erste ist das »Sich-tot-Stellen« – das uns allen vertraute Dauerfernsehen. Diese Untätigkeit führt uns manchmal ins entgegengesetzte Extrem, und wir treiben Sport bis zum Umfallen – was am Boom von Einzeltrainern und Fitneßcentern leicht abzulesen ist. Der fast fanatische Eifer, mit dem Aerobic-Apostel, Priesterinnen des Oberschenkelkultes und Gurus für Technoübungen ihr Evangelium verbreiten, veranlaßt viele von uns dazu, sich kopfüber in die neueste Sportverrücktheit zu stürzen.

Wir hören oft, daß unsere modernen Gesundheitsprobleme durch mangelnde Bewegung verursacht werden, aber wir begegnen selten der Warnung, daß zuviel Sport nicht gut für uns ist. Wenn Sie jedoch intensive Energiepausen machen – d. h. täglich die Spontanübungen praktizieren –, ist das Problem »Sport und körperliche Fitneß« schnell gelöst. Sie erkennen, daß es am wichtigsten ist, daß Ihr Körper sich natürlich bewegt und daß Sie ihn nicht immer zwingen sollten, etwas Unnatürliches oder Ermüdendes zu tun. Aus dieser Sicht besteht die weiseste Übung für genügend Vitalität im Alltag darin, sich so zu dehnen und zu bewegen, wie es Ihnen die Autokinetik eingibt. Wenn Sie eine bestimmte Sportart leidenschaftlich gern betreiben, sollten Sie das natürlich unter allen Umständen weiter tun, aber mühelos und natürlich.

Dr. Robert Fulford beklagt die Verfassung, in die der Körper gerät, wenn wir zuviel Sport treiben. In seiner jahrelangen Praxis hat er sehr viele verspannte Körper gesehen, die vollkommen am Ende waren, weil sie sich weit von der natürlichen, lockeren Form entfernt hatten, auf die wir angelegt sind. Er erwähnt einen Kollegen in Boston, der ebenfalls Osteopath ist und in seiner Praxis einen kleinen Sandsack hat, mit dem er übermäßig muskelbepackte Patienten zwecks Lockerung schlägt.

Es ist kein Zufall, daß Kulturen auf der ganzen Welt, die mit der Lebenskraft arbeiten, die von uns favorisierte Art von Sport und körperlicher Fitneß nicht fördern. Wie die asiatische Auffassung von Ernährung befürwortet die energiezentrierte Sichtweise auch im Bereich des Sports Bewegungen, die die Lebenskraft in unserem Körper verstärken. In China praktizieren Millionen Menschen täglich Tai-Chi oder Qigong, d. h. Übungen, bei denen man sich sanft und natürlich bewegt. Anders als die moderne Gymnastik und anstrengende Trainingsprogramme, die uns Energie abziehen, lassen diese alten Methoden mehr Energie in unseren Körper einfließen. Sie wissen, daß unnatürliche Bewegungen und Übungen schädlich sein können.

Tun Sie weniger. Dr. Fulford empfiehlt in seinem Buch *Dr. Fulford's Touch of Life*, daß es uns besser bekommt, wenn wir zehn Minuten täglich Stretching machen, als wenn wir vier Aerobic-Kurse pro Woche belegen. Das einfache Dehnen, das sich auf natürliche Weise mit Ihrem Atem und dem Fluß der Lebenskraft verbindet, führt zu einer optimalen körperlichen Spannkraft, die eine lebenslange Vitalität fördert.

Wenn Sie viel sitzen, sollten Sie ein paar sanfte Stretchingübungen in ihren Alltag einbauen. Wenn Sie dagegen zuviel für Ihre körperliche Kondition tun, schlage ich vor, daß Sie kürzer treten und einen Teil Ihrer Übungen durch ein paar einfache Dehnübungen ersetzen. Hören Sie nicht über Nacht auf. Das wäre für Ihren Körper ein zu großer Schock und könnte Sie unfallanfällig machen. Reduzieren Sie die Zeit, die Sie in der Turnhalle oder im Sportkurs verbringen, allmählich. Wenn anstrengende Aktivitäten Ihnen ein natürliches High verschaffen, dann genehmigen Sie es sich mit der gleichen Mäßigung, die Sie beim Essen von Desserts beachten sollten: Eine kleine Dosis von Zeit zu Zeit ist ein herrliches Vergnügen, aber es ist nicht klug, des Guten zuviel zu tun. Ich weiß, daß das schockierend klingt, aber denselben Rat würden Sie überall auf der Welt von jemandem bekommen, der mit dem Wissen um die universelle Lebenskraft arbeitet und lebt.

Das Ein-Minuten-Fitneßprogramm. Ich habe einmal mit einem Mann mittleren Alters gearbeitet, der sich nie viel körperlich bewegt hatte, der aber jetzt alles tun wollte, um bei guter Gesundheit zu bleiben. Nachdem er viele Selbsthilfebücher gelesen und Schnupperveranstaltungen zu verschiedenen Kuren und Trainingsprogrammen besucht hatte, hörte er, was ich über Autokinetik zu sagen hatte. Er begann, die Übungen täglich zu praktizieren, und stellte dann sein eigenes Fitneßprogramm auf die Beine. Er beschloß nämlich, jeweils maximal eine Minute zu üben. Er hatte von dem »Ein-Minuten-Manager« gehört und beschloß, ein einminütiges Fitneßprogramm zu entwickeln. Bei der Arbeit reservierte er die erste Minute einer jeden Stunde für die Ausübung dessen, was er seine »Fitneßversion« der Autokinetik nannte. Bei einer geschäftlichen Besprechung entschuldigte er sich kurz oder ging ein Glas Wasser trinken und erlaubte seinem Körper dann, in natürliche, rhythmische Bewegungen zu verfallen, bei denen alle Gliedmaßen bewegt und gedehnt wurden. Das machte er achtmal am Tag – eine Minute von jeder Stunde, die er am Arbeitsplatz war. Nachdem er das ein paar Monate praktiziert hatte, stellte er erfreut eine Veränderung in seinem Körper fest. Er fühlte sich fitter und hatte mehr Energie und Kraft in den Muskeln. Bis heute übt er nie länger als eine Minute am Stück, aber das jede Stunde, die er bei der Arbeit ist.

Durch die tägliche Autokinetik bauen Sie auf natürliche Weise Dehnübungen in Ihren Alltag ein. Die Übungen verbrauchen nicht viel Energie, sondern wecken diese und lassen sie zirkulieren. Wenn Sie diese mühelose Methode praktizieren, werden Sie feststellen, daß in Ihren inneren Organen und Muskeln bestimmte Veränderungen stattfinden. Ihr ganzes Wesen wird nämlich trainiert und in ein dynamisches Fließen mit dem Leben gebracht.

Die kinetische Zone. Denken Sie an den tranceähnlichen Zustand, den Sie erreichen, wenn Sie die letzte Stufe der Autokinetik erreichen. Dieses Hineinfallen in spontane Bewegungen führt dazu, daß Sie »in der Zone« sind – der Zone, die Sportler meinen, wenn Sie voll und ganz auf die Ausübung ihrer Sportart eingestimmt sind. Eine meiner Klientinnen erzählte mir, wenn sie ganz in die Autokinetik vertieft sei, würde etwas Erstaunliches passieren. Sie empfindet dann die Lebensenergie so, als wäre sie Wasser, das sie umgibt, und ihre Bewegungen werden so, als würde sie tatsächlich durch dieses Wasser schwimmen.

Wenn Sportler Autokinetik machen, können sie die Lebenskraft, die sie umgibt, besser wahrnehmen. Ich ermuntere sie dazu, dieses neue Gespür für die Lebenskraft in ihre Strategie einzubauen und zu versuchen, sich auf spontane, natürliche Weise auf die Bewegungen ihres Sportes einzustellen. Ich fordere sie auf, sich ein Energiefeld vorzustellen, das ich als »kinetische Zone« bezeichne und das seine Form und seine Struktur wie ein Film ständig ändert. Sie sehen dann bei ihrer sportlichen Aktivität jede Körperbewegung innerhalb dieses veränderlichen Energiefeldes, so daß etwa das Abschießen eines Fußballs als eine Struktur innerhalb des Gesamtereignisses betrachtet wird. Wenn ein Sportler mit dieser Struktur in Einklang kommt, braucht er sich ihr nur anzuschließen, damit alles, was er tut, mühelos geschieht. Der Sportler fühlt sich dann wie ein Kind, das eine Rutsche auf dem Spielplatz herunterrutscht. Er selbst tut nichts – er läßt nur zu, daß sein Körper die Struktur ausfüllt.

Sie brauchen kein Sportler zu sein, um von dieser Vorstellung zu profitieren. Jede körperliche Arbeit, jedes Training kann so absolviert werden. Auch wenn Sie etwas so Einfaches tun wie einen schweren Gegenstand bewegen, sollten Sie einen Augenblick innehalten und sich ein Kraftfeld vorstellen, das Ihren Körper mit dem Gewicht verbindet. Stellen Sie sich vor, daß der Gegenstand mit so wenig Energie wie möglich hochgehoben werden kann, wenn Sie in dieses Energiefeld eintauchen und sich auf natürliche Weise mit ihm verbinden. In Asien wird diese Methode, mit der Lebensenergie zu arbeiten, schon immer praktiziert. Sie trägt dazu bei, Rückenverletzungen zu vermeiden, und gibt Ihnen die Chance, sich noch mehr auf die Lebenskraft einzustimmen.

Eine Frau aus San Diego, die schon lange Tennis spielt, fing an, mit der Autokinetik zu arbeiten, und benutzte die ihr zugrundeliegenden Ideen bei ihren täglichen Dehnübungen. Vor jeder Übung schloß sie die Augen und stellte sich ein Energiefeld um die spezielle Bewegung herum vor, die sie machen wollte. Wenn sie dieses Bild erzeugt hatte, begann sie mit den Stretchbewegungen; dabei ging sie davon aus, daß eigentlich das Energiefeld sie bewegte. Die Vorstellung half ihr, die Übungen ohne große Anstrengung oder Anspannung zu absolvieren. Jede Bewegung, vom Vornüberbeugen bis zum Stehen auf den Zehenspitzen, führte sie mit der Überzeugung aus, in ein Energiefeld einzutauchen, durch das die Bewegung ohne Anstrengung ihrerseits einfach geschehen konnte. Durch die Drei-Schritte-Technik der Autokinetik lernte sie, natürliche Bewegungen in ihr Trainingsprogramm einzubauen, die mehr Energie in ihr Leben brachten.

Die so erzeugten natürlichen Bewegungen gleichen denen der alten japanischen Tradition des Zen-Bogenschießens. Dabei wird der Schütze vor seinem geistigen Auge eins mit dem Ziel, dem Bogen und dem Pfeil, so daß das Abschießen des Pfeils und sein Eindringen ins Zentrum der Zielscheibe nichts mit Glück und Geschicklichkeit zu tun hat; vielmehr stellt es eine automatische Bewegung dar, die innerhalb eines natürlichen Ablaufs stattfindet, in dem alles verbunden ist, vom Beginn der Handlung (bevor der Pfeil abgeschossen wird) bis zu ihrem Abschluß (wenn der Pfeil im Zentrum der Zielscheibe steckt).

Dieses alte Geheimnis erklärt das hohe Leistungsniveau, das die Spitzenkönner einer Sport- oder Kunstsparte erreichen. Sie konzentrieren sich weder mehr, noch arbeiten sie härter, noch tun sie irgend etwas Besonderes, um ihr meisterliches Niveau zu erreichen. Aber sie haben einen Weg gefunden, in das Feld einzutauchen, das ihren Körper durch die perfekten, für das erwünschte Ergebnis erforderlichen Bewegungen hindurchträgt.

Sport ohne Mühe. Der natürliche Weg zum Sport fordert Sie auf, weniger zu tun, um mehr zu bekommen. Sie wollen sich nicht mehr anstrengen, um körperlich fit zu sein, sondern von der Energie des Lebens bewegt werden. Diese Bewegung verschafft Ihnen die natürliche körperliche Form, die am gesündesten für Sie ist.

Wenn Sie Ihr Sportprogramm und die ihm zugrundeliegenden Ideen auf der natürlichen Energie aufbauen, werden Sie das Wesen des Sports ganz anders definieren. Die verschiedenen Aktivitäten, die im Lauf eines Tages auf Sie zukommen, werden für Sie dann nämlich Gelegenheiten sein, die Lebenskraft zu trainieren. Der erste Schritt zu dieser veränderten Betrachtungsweise besteht darin, alltägliche Bewegungen als Aufforderung zur Autokinetik zu betrachten. Wenn Sie beispielsweise einkaufen gehen, können Sie daran denken, beim Hochheben und Tragen eher Ihre Energie als Ihre Muskeln einzusetzen. Und wenn Sie telefonieren, am Computer arbeiten oder auf einem Stuhl sitzen, können Sie sich überlegen, wie Sie die Lebenskraft in Ihren Körper hineinbewegen wollen – etwa indem Sie vor und zurück schaukeln oder mit den Fingern trommeln. Allein der Gedanke an dieses Ziel veranlaßt Ihren Körper dazu, seine Haltung zu verändern oder sich zu bewegen, damit die vitalisierende Energie leichter fließen kann. Betrachten Sie jede Aktivität Ihres Lebens – zur Arbeit fahren, fernsehen oder das Abendessen vorbereiten – als Gelegenheit, die natürlichen Bewegungen zu trainieren, die in Ihre täglichen Erfahrungen mehr Leben einbringen.

Das energiezentrierte Herangehen an Sport stellt die natürlichste Methode dar, Ihrem physischen Körper etwas Gutes zu tun. Denken Sie an die folgenden Tips, wenn Sie überlegen, ob Sie Ihre sportliche Betätigung mehr auf die Lebenskraft einstimmen wollen:

- Lehnen Sie extreme körperliche Anstrengungen ab und vermeiden Sie Energieverlust. Bewegen Sie sich natürlich und fließend und lassen Sie sich energetisch aufladen.
- Was zählt, ist nicht die Länge des absolvierten Trainings, sondern die Natürlichkeit Ihrer Bewegungen.
- Geben Sie bei Ihrem Training keine Energie ab, sondern schwingen Sie mit der Energie mit. Mit anderen Worten: Fließen Sie so mit den körperlichen Bewegungen mit, daß Sie die Einstimmungszone erreichen, den Ort, an dem Sie Energie und Vitalität tanken.
- Wenn Sie eine Minute am Tag natürliche Bewegungen machen, kann dies Ihr Wohlbefinden eher verbessern als Marathonläufe oder ein anstrengendes Training.
- Natürliche körperliche Betätigung fühlt sich immer gut an. Sie tut gut und macht Spaß, ist angenehm und schmerzfrei. Wenn eine Übung weh tut, sollten Sie sie nicht mehr machen.
- Die Menge an körperlichem Streß, die Ihr Körper ohne Risiko bewältigen kann, hängt davon ab, wie natürlich Sie sich bewegen können.
- Tanz, d. h. die Bewegung Ihres Körpers in einem bestimmten Rhythmus, ist im Grunde die einzige Art von Sport. Jeder Sport ist eigentlich Tanz, d. h. strukturierte Bewegung mit eigenem Rhythmus und Timing. Ob Sie Basketball, Tennis oder Fußball spielen: Machen Sie sich klar, daß es sich um einen Tanz handelt und daß das, was für die Tanzfläche gilt, auch für die Sportarena Gültigkeit hat.

Die energiezentrierte Lebensweise betrachtet jede Bewegung, die Sie ausführen, als Gelegenheit zur energetischen Aufladung. Trennen Sie den Sport nicht von Ihrem übrigen Leben, sondern integrieren Sie ihn. Gehen, Laufen, Springen, Sitzen,

Atmen, einen Arm heben, einen Zeh anziehen, mit den Fingern trommeln sind die Bewegungen unseres täglichen Sportprogramms. Machen Sie diese Bewegungen natürlicher und energiegeladener, indem Sie sie in einen Rhythmus bringen. Wenn eine bestimmte Sportart Ihnen Spaß macht, dann praktizieren Sie sie – spielerisch und in dem Wissen, daß Sie am meisten erreichen, wenn Sie die »Zone« erreichen, den Ort, an dem Ihre Bewegungen auf natürliche Weise vollkommen sind und Ihrem ganzen Leben Energie geben.

Effiziente Wege zur Lösung Ihrer Probleme finden

Zu den erstaunlichsten Ergebnissen der Autokinetik gehört, daß sie neue und wirksame Lösungen für die Schwierigkeiten und Herausforderungen des Lebens erschließen kann. Stimmen Sie sich immer dann, wenn Sie ein Problem haben, das gelöst werden muß, auf die universelle Lebenskraft ein. Konzentrieren Sie sich vor einer Energiepause kurz auf Ihr Problem, indem Sie mit sich selbst reden und ohne Ärger oder übertriebene Besorgnis feststellen, daß Sie gerne ein bißchen Hilfe hätten. Fangen Sie dann mit der Autokinetik an und seien Sie sich bewußt, daß sie eine neue Idee, Taktik oder Anregung zutage fördern kann, die zeigt, wie Sie mit Ihrer Situation fertig werden können. Dies gilt für alles, wobei Sie Hilfe brauchen können, von der Ernährung über Sport, Möglichkeiten zur Selbstheilung und Persönlichkeitsentfaltung bis zu speziellen Alltagsproblemen.

Die Energie aufbauen, die Worte vergessen. Analysieren Sie eine Schwierigkeit nicht bis zum Exzeß. Kommen Sie mit sich überein, daß Sie ärgerliche oder störende Dinge dann abhandeln, wenn Sie Autokinetik machen. Je weniger Sie an das Problem denken und je mehr Sie es dem natürlichen Fluß der Lebenskraft überlassen, desto wahrscheinlicher zeigt sich die gesuchte Lösung. Ein taoistischer Philosoph früherer Zeiten, Chang San-Feng, meinte: »Die Energie aufbauen und bewahren, die Worte vergessen.« Anders gesagt: Bauen Sie Ihre Energie auf, anstatt das Problem mit Hilfe von Worten zu lösen. Dies gilt für jedes vorstellbare Problem, dem Sie begegnen – Schwierigkeiten am Arbeitsplatz, persönliche Kämpfe, Lebenskrisen, Beziehungsprobleme und existentielle Fragen. All dies können Sie in Ihre Autokinetikübungen hineinnehmen und vom Fluß der Lebenskraft umspülen lassen. Dabei taucht möglicherweise eine kreative Lösung auf.

Die Lösung kann auf verschiedene Weise zu Ihnen kommen. Sie können sie während der Sitzung sehen, hören oder fühlen; oder Sie wachen mitten in der Nacht nach einem Traum auf, der Ihnen einen speziellen Rat gibt; oder Ihnen wird am nächsten Tag ein solcher Traum plötzlich und spontan bewußt. Vertrauen Sie darauf, daß das Leben Ihre Frage beantworten wird, und bestehen Sie nicht darauf, daß die erwartete Antwort in einer bestimmten Form kommen muß. Die Antwort kann direkt oder indirekt, wörtlich oder bildlich kommen, Sie können sie hören oder sehen, im Kopf wissen oder im Bauch spüren. Wenn Sie Ihre persönlichen Fragen der Ganzheit des Lebens übergeben haben, können Sie geduldig darauf warten, daß die Weisheit des Lebens Sie auf ihre Weise vorwärts bewegt.

Wie der energiezentrierte Umgang mit der Ernährung verlangt effizientes Lösen von Problemen, daß Sie zwei Dinge tun. Erstens müssen Sie einen Weg finden, um jene Gewohnheiten zum Schweigen zu bringen, die es Ihnen unmöglich machen, auf Ihre innere Führung und Weisheit zu hören. Mit anderen Worten: Hören Sie mit den unwirksamen Strategien auf, die Sie bis jetzt ausprobiert haben. Wenn sie funktioniert hätten, würden Sie jetzt keinen Gedanken an Ihr Problem verschwenden. Unwirksame Gewohnheiten lassen sich beispielsweise durch eine ungewöhnliche Aufgabe oder Aktivität abstellen, die Sie ablenkt und Ihr gewohnheitsmäßiges Handeln unterbricht. Wenn Ihr Verstand von seinen festgefahrenen Gewohnheiten befreit ist und sein geräuschvolles Denken zum Schweigen gebracht wurde, sind Sie eher bereit für das zweite, das sie tun müssen, um zu einer wirksamen Lösung zu kommen: Eine Energiepause machen, die Lebenskraft anzapfen und sie einsetzen, damit eine neue, wirksame Lösung deutlich wird. Genau das tun Sie, wenn Sie sich hinsetzen und Autokinetik machen.

Nachstehend ein paar Beispiele für Aufgaben, die ich Klienten gegeben habe, die in ihren Schwierigkeiten festhingen. Die Aufgaben sollten ihre unwirksamen Gewohnheiten abstellen und sie so darauf vorbereiten, mit Hilfe der Autokinetik zu ihren eigenen inneren Ressourcen zu finden.

Lassen Sie Ihre Sorgen für sich arbeiten. Eine meiner Klientinnen, eine Grundschullehrerin aus Kansas City/Missouri, konnte nicht aufhören, sich Sorgen zu machen. Sie sorgte sich wegen ihrer Arbeit, ihren Kindern, ihren Eltern und ihrer Gesundheit. Sie machte ein Jahr Therapie, aber ihre Sorgen waren immer noch da. Man schickte sie dann zu mir, und ich schlug vor, sie solle einmal sehen, ob sie nicht aufhören könnte, sich wegen ihrer Sorgen Sorgen zu machen. Dazu sollte sie etwas ausprobieren, was ihr helfen könnte, ihren

Verstand zu beruhigen: Ich sagte ihr, sie solle in einem Spielzeugladen eine Sparbüchse kaufen und sie dann zu Hause gut sichtbar plaziert, etwa auf dem Fernseher. Jedesmal, wenn sie bemerkte, daß sie sich länger als eine Minute Sorgen machte, sollte sie einen Vierteldollar in die Sparbüchse werfen. Sie versprach, ehrlich zu sein, und fütterte die Sparbüchse jedesmal, wenn sie sich zu sehr sorgte. Als die Sparbüchse voll war, war sie damit einverstanden, das Geld einer gemeinnützigen Organisation zu spenden. Ich erklärte ihr, daß sie jetzt aufhören könnte, sich wegen ihrer Sorgen Sorgen zu machen, denn jetzt würden ihre Sorgen für sie arbeiten. Es würde jetzt anderen helfen, wenn sie nicht in der Lage war, sich selbst zu helfen.

Die junge Lehrerin erlebte so durch direkte Erfahrung, daß ihre Sorgen zu etwas Positivem verwandelt werden konnten, und stellte fest, daß sie nicht völlig hilflos war. Sie konnte ihre Sorgen bändigen, anstatt von ihnen erschreckt und überwältigt zu werden. Sobald sie aufhören konnte, sich wegen ihrer Sorgen Sorgen zu machen, hatte ihr Problem sie nicht mehr in der Gewalt.

Diese Verlagerung ermöglichte ihr, vertrauensvoller in die Autokinetik hineinzugehen und darum zu bitten, daß ihr gezeigt würde, was sie sonst tun könnte, wenn sie sich sorgte. Bei einer ihrer Energiepausen hatte sie einen Tagtraum von einer neuen Lösung. Sie sah sich, wie sie einen kleinen Teppich kaufte, den sie aufrollen und an einem Platz verbergen konnte, wo er von anderen in Ruhe gelassen wurde. Wenn sie feststellte, daß sie sich zu viele Sorgen machte, holte sie den Teppich hervor und breitete ihn auf dem Fußboden aus. Sie zog Schuhe und Strümpfe aus und stellte sich auf den Teppich. Dabei bat sie ihren Verstand, alle Sorgen loszulassen, die in ihrem Kopf waren, und ließ jede einzelne Sorge mit Hilfe der

Schwerkraft in ihre Fußsohlen sinken. Wenn ihre Sorgen anfingen, sich in Richtung Boden zu bewegen, begann sie, mit den Zehen zu wackeln; dabei sagte sie sich, dies würde dadurch verursacht, daß die Sorgen jetzt in die Zehen kamen. Sie krümmte sie mindestens zehn Sekunden und stampfte dann mit den Füßen auf, so daß sie die Sorgen vollkommen abschüttelte. Wenn sie damit fertig war, nahm sie den Teppich, brachte ihn nach draußen und schüttelte ihn kräftig, um die Sorgen aus ihm herauszuschütteln. Dann rollte sie ihn auf und gestattete ihm eine Ruhepause, damit er bereit war, wenn sie ihn das nächste Mal brauchen würde.

Die Lehrerin tat, was sie sich in ihrem Tagtraum hatte tun sehen, und stellte fest, daß dies eine wirksame Lösung zur Bewältigung ihrer Sorgen darstellte. Auch Sie können ihrem Beispiel und dem vieler anderer Menschen folgen, die sich hingesetzt haben, um sich mit Autokinetik energetisch aufzuladen und dabei um eine Lösung für eines ihrer Lebensprobleme gebeten haben. Wenn Sie dies tun, mobilisiert der Fluß der Lebenskraft Ihre schöpferische Phantasie und Ihre inneren Ressourcen dazu, eine Idee hervorzubringen, die Ihnen helfen kann.

Eine Floristin aus San Francisco, die sich ebenfalls viele Sorgen machte, setzte sich zu einer Energiepause hin und präsentierte die folgende kreative Lösung. Ihre Empfehlung funktionierte nicht nur bei ihr, sondern auch bei anderen, die sich zuviel sorgten. Die Lösung sah folgendermaßen aus:

Finden Sie einen anderen Menschen, der sich genauso viele Sorgen macht wie Sie. Tauschen Sie eine Woche lang Ihre Sorgen aus. Jeder macht eine Liste mit seinen Hauptsorgen und gibt sie dem anderen. Bemühen Sie sich ehrlich, sich täglich wegen der Probleme des anderen Sorgen zu machen. Sie werden feststellen, daß das Sorgen um die Sorgen von jemand anders dazu beiträgt, Sie von Ihren eigenen Sorgen zu befreien.

Die Lösung der Floristin setzt voraus, daß Sie einen anderen Menschen finden, der das gleiche Problem hat wie Sie. Anstatt herumzusitzen und über das gemeinsame Problem zu klagen, arbeitet jeder daran, das Problem des anderen zu bewältigen. Wenn die Floristin jetzt eine Energiepause macht, bittet sie dabei um Lösungen für die Sorgen des anderen. Ihr hat weitergeholfen, daß sie sich mit dem Problem bewegte, anstatt es zu bekämpfen oder sich über es zu beklagen. Ausschlaggebend ist hier, daß sie eine Möglichkeit gefunden hat, ihr Problem als Hilfsmittel zu benutzen – in diesem Fall als Hilfsmittel für einen anderen Menschen; dies half ihr, sich vom störenden Einfluß der Sorgen auf ihr Leben zu befreien.

Erschaffen Sie ein neues Selbstbild. Ich machte einmal die Bekanntschaft eines Studenten, der Schwierigkeiten mit seinem Selbstbild hatte. Er dachte, niemand würde ihn als Freund mögen. Um dieses negative Selbstbild umzupolen, fragte ich ihn, ob er ein Kind kennen würde, das zu ihm aufschaute. Er gab schnell zu, daß sein Neffe ein großer Fan von ihm war. Ich schlug vor, er solle seinen Neffen um den Gefallen bitten, ein Bild von ihm zu malen. Er sollte das Kind mit allen Buntstiften oder Wasserfarben versorgen, die es für seine Aufgabe brauchte. Ich sagte ihm, es sei sehr wichtig, daß er dieses Bild nie sehen würde. Er sollte es in einem versiegelten Umschlag bekommen und diesen dann in sein Kissen legen. Ich empfahl ihm, sein Kissen zu jemandem zu bringen, der nähen konnte; er sollte das Kissen öffnen, den Umschlag hineinlegen und das Kissen wieder zunähen. Wenn das geschehen war, sollte er regelmäßig seinen Kopf auf dieses Kissen legen und dabei überlegen, wie sein Neffe ihn wohl sehen würde.

Diese Aufgabe pflanzte einen positiven Keim in seine Gedanken. Ich riet ihm, vor einer Energiepause seinen Kopf ein paar Minuten auf das Kissen zu legen, damit er in Kontakt mit dem positiven Bild kam, das sein Neffe von ihm hatte. Das würde ihm helfen, von der negativen Sicht wegzukommen, die, wie er befürchtete, andere von ihm hatten. Auf diese Weise hatte er ein neues Hilfsmittel, mit dem er arbeiten konnte, und als die Lebenskraft ihn regelmäßig mit Energie versorgte, wurde ein völlig neues Selbstbild angeregt, bei dem Selbstvertrauen und Selbstsicherheit im Vordergrund standen.

Motivation bekommen. Viele Menschen leiden nicht nur unter einem negativen Selbstbild; ihnen fehlt auch das Selbstvertrauen, das sie ihrer Meinung nach brauchen, um erfolgreich zu sein. Diesen Leuten sage ich oft, sie sollten irgendwohin gehen, wo ein »Motivationsexperte« einen Vortrag oder ein Seminar über Motivation veranstaltet. Ich weise sie an, das Seminar nicht zu besuchen, sondern statt dessen bis zur Mittagspause zu warten und dann mit einem Notizbuch in der Hand mit mindestens zehn Leuten zu reden, die an dem Seminar teilnehmen. Ich sage meinen Klienten, sie sollten jeden Teilnehmer bitten, das Wichtigste, was er über Motivation gelernt hat, in einem Satz zusammenzufassen, diese Sätze aufschreiben und an den folgenden zehn Tagen jeden Tag über einen Satz nachdenken. Die Menschen tragen den Satz dann den ganzen Tag mit sich herum und denken an die verschiedenen Möglichkeiten, die gleiche Idee mitzuteilen. Nachdem sie sich so mit jeder Aussage intensiv beschäftigt haben, schreiben sie einen Satz auf, der resümiert, was für sie in puncto Motivation am wichtigsten ist.

Diese Aufgabe veranlaßt Sie dazu, nach Hinweisen auf Ihre eigene Lösung für das Problem der Motivation zu suchen. Wenn Sie am Schluß Ihren ganz persönlichen Antwortsatz gefunden haben, sollten Sie ihn in Ihre Energiepause mitnehmen. Wenn dann die Lebenskraft Sie durchströmt, weckt dieser Satz Ihre eigene Motivation. Ihre Vorstellung von Motivation erhält durch die Autokinetik-Übungen mehr Energie, und Sie fühlen sich eher bereit, den erwünschten Erfolg auch zu realisieren.

Angst abbauen. Manchmal hängen Menschen in unnötiger Angst fest, aber auch dieser Kreislauf kann durch eine einfache Aufgabe unterbrochen werden. Vor Jahren habe ich einmal mit einem Kriegsveteranen gearbeitet, den unangemessene Angst plagte. Ich riet ihm, sie buchstäblich wegzublasen. Ich wies ihn an, zwei Teelöffel Reiscrispies in eine kleine Schüssel zu geben, in die Schüssel zu starren und sich vorzustellen, daß er seine Angst in das Getreide hineinschicken würde, als ob er eine spezielle Gedankenkraft hätte. Er wurde angewiesen, die Schüssel festzuhalten und die Getreideflokken umherzuschütteln, als könnte er die Angstschwingungen auf den Reis übertragen. Er sollte den Reis dann in ein Paar Schuhe geben – einen Teelöffel in jeden Schuh – und anschließend eine Viertelstunde in diesen Schuhen spazierengehen. Ich bat ihn, darauf zu achten, daß er auch spürte, wie die ängstlichen Reiscrispies zermahlen wurden, wenn er auf sie trat, und sich die knirschenden Töne vorzustellen, die sie dabei von sich gaben. Nach dem Spaziergang sollte er sich die Reiscrispies in die hohle Hand streuen und die Aufgabe, sie zu zermalmen, vollenden, indem er sie zu Pulver zerrieb. Das Pulver sollte er dann in ein Stück Seidenpapier einwickeln und so tun, als wäre es eine Bombe – eine »Angstbombe«. Er wurde angewiesen, die Bombe an einen feuersicheren Ort zu bringen, sie anzuzünden und sorgfältig darauf zu horchen, ob sie explodierte. Ich bat ihn, die Stärke seiner Angst anhand des Lärms der Explosion zu bestimmen.

Als er diese Anweisungen ausführte, wurde ihm die Absurdität seiner Angst klar, und das reichte, um ihn davon zu befreien. Bei der anschließenden Energiepause erinnerte er sich an diese »Angstbombe« und das Gefühl der Absurdität, das ihn durchzuckte, als er die Bombe tatsächlich anzündete. Als die ihn durchströmende Lebenskraft ihm die Absurdität klarmachte, in der er feststeckte, wurde sie zu einem wirkungsvollen Hilfsmittel, um seine unangemessenen Angst- und Panikgefühle wegzuschwemmen.

Finden Sie Ihre Lösung. Ich bitte meine Klienten oft, ein Wort zu wählen, das am besten beschreibt, was sie bei ihrer absurden Aufgabe gelernt haben. Wenn sie das Wort haben, bitte ich sie, es im Verlauf mehrerer Energiepausen immer wieder auszusprechen. Dies trägt dazu bei, den Keim dessen, was sie gelernt haben, in ihr Denken einzupflanzen. Wenn die Lebenskraft sich durch sie hindurch bewegt, pflanzt sie diese Vorstellung tief in sie ein, bringt sie zum Keimen und ermöglicht, daß andere verwandte Vorstellungen, Lernprozesse, Antworten und Ratschläge in ihr Bewußtsein einfließen.

Ich habe einmal mit mir vom Gericht zugewiesenen erwachsenen Bewährungsstraftätern gearbeitet, die ihren Zorn nicht im Zaum halten konnten. Diesen Klienten riet ich manchmal, einen Finger auszusuchen und ihn zu ihrem »Zornfinger« zu machen. Ich regte an, sie sollten jedesmal, wenn sie wütend wurden, diesen Finger schnell und vibrierend hin und her bewegen. Sie wurden angewiesen, sich vorzustellen, daß das Vibrieren der »Pulsschlag« ihres Zorns war.

Sie sollten den Zornfinger so lange vibrieren lassen, bis sie merkten, daß ihr Zorn zu verrauchen begann.

Manchmal kann auch ich kaum glauben, daß eine so einfache Aufgabe ausreicht, um eine Gewohnheit zum Entgleisen zu bringen, besonders wenn es um ein so schwerwiegendes Problem wie heftige Wutanfälle geht. Aber ich habe immer wieder gesehen, daß der beste Ausweg aus einem festgefahrenen Problem darin besteht, ihm ein Bein zu stellen, während es sich aufbaut oder kurz davor ist, sich aufzubauen. Versuchen Sie nicht, es abzublocken, sondern strecken Sie ein Bein aus und beobachten Sie, wie es über sich selber stolpert. Wenn Sie ein Gefühl dafür bekommen, wie wenig es im Grunde braucht, um sich von einem alten Problem zu verabschieden, können Sie eine Energiepause machen und darum bitten, daß Ihre Phantasie eine kreative Methode findet, die Sie aus Ihrem gegenwärtigen Schlamassel herausholt.

Winken Sie Ihren Problemen zum Abschied zu. Es gibt eine alte Yogatechnik zur Klärung des Verstandes, bei der Sie auf einen Punkt an der Wand starren und gleichzeitig wie der Scheibenwischer im Auto mit einer Hand vor Ihren Augen hin und her winken. Wenn Sie dies längere Zeit machen, entsteht das Gefühl, daß alte Probleme und Sorgen weggewischt werden, so daß in Ihrem Verstand Platz für einen Neuanfang entsteht. Das moderne Äquivalent dieser Technik wird als »Desensibilisierung und Neuprogrammierung mit Hilfe der Augenbewegungen« (EMDR) bezeichnet und wurde von der klinischen Psychologin Dr. Francine Shapiro entwickelt. Über eine Million Menschen sind mit dieser Methode behandelt worden. Sie geht davon aus, daß man sich vom Einfluß vergangener traumatischer Erfahrungen befreien kann, wenn man, während man den winkenden Bewegungen des Therapeuten folgt, die Augen von rechts nach links und zurück bewegt und dabei an das Problem denkt.

Ich glaube, daß diese Methode wegen der Augenbewegungen funktioniert. Aus der Sicht der Autokinetik arbeitet sie jedoch nur mit der Spitze des Eisbergs. Unterhalb der sich bewegenden Augäpfel befindet sich nämlich ein ganzer Körper, der sich ebenfalls bewegen und in einen improvisierten Rhythmus fallen will. Wenn dies geschieht, reinigt es nicht nur Ihren geistigen Bildschirm. Vielmehr ermöglicht es, daß Ihre Kreativität von der Lebenskraft mit Energie aufgeladen wird und Sie neue Ideen für Ihre weitere Lebensgestaltung erhalten. Ich meine, daß Sie mehr anstreben sollten als eine Klärung Ihrer Gefühle und problematischer Denkschemata. Setzen Sie sich ein höheres Ziel: die Umwandlung Ihrer Ärgernisse, Schwierigkeiten, Probleme und Schmerzen in Hilfsmittel für ein befriedigenderes, intensiveres Leben.

Freuen Sie sich auf die Aufgaben, die Ihnen eine ungewöhnliche Erfahrung Ihres Problems ermöglicht. Die Aufgaben unterscheiden sich von Ihren typischen Handlungs- und Denkgewohnheiten so stark, daß sie ein Fenster öffnen, durch das neue Möglichkeiten in Ihrem Gesichtsfeld auftauchen. Durch die Ausführung dieser Aufgaben kann Ihnen die Autokinetik noch mehr Antworten und Vorteile bieten. Wenn Sie mit einem Problem kämpfen, sollten Sie mindestens ein oder zwei Wochen ungewöhnlich und kreativ damit umgehen und während Ihrer Energiepause um weitere Hilfe bitten. Dadurch entsteht ein größeres »Fenster«, durch das auf natürliche Weise mehr kreative Lösungen eindringen können.

Die energiezentrierte Lösungsmethode für Alltagsprobleme läßt sich wie folgt zusammenfassen:

- Wenn sich das Problem dreimal wiederholt hat, können Sie es als Gewohnheit betrachten. Wenn es keine Gewohnheit ist, vergeht es im allgemeinen von alleine.
- Wenn Sie sich gegen eine Gewohnheit wehren, sollten Sie bedenken, daß jeder Widerstand sie wahrscheinlich noch stärker macht. Bekämpfen Sie die Gewohnheit nicht, sondern finden Sie eine Möglichkeit, sie auszutricksen. Die beste Methode, sich mit einem Trick von einer Gewohnheit zu verabschieden, besteht darin, sie im übertragenen Sinne über ihre eigenen Füße stolpern zu lassen: Akzeptieren Sie sie und benutzen Sie sie auf eine Weise, die zur Absurdität führt, und zwar entweder indem Sie eine Möglichkeit finden, sie zu einem Hilfsmittel für etwas oder jemanden zu machen, oder indem Sie ihr erlauben, Sie zum absoluten Erlebnis der Lächerlichkeit Ihrer Situation zu führen.
- Bitten Sie bei Ihren Autokinetik-Sitzungen um Aufgaben, die Ihre Gewohnheiten unterbrechen. In der tranceähnlichen Einstimmungszone ist es am wahrscheinlichsten, daß Ihre Kreativität ein paar Ideen und Aufgaben – oder Hinweise auf Ideen und Aufgaben – präsentiert, die Sie ausprobieren können.
- Machen Sie sich klar, daß der beste Rat zur Bewältigung Ihrer Schwierigkeit von der Lebensenergie selbst kommen wird. Wenn die Lebenskraft in Ihren schöpferischen Denkprozessen den Takt angibt, maximieren Sie die Chancen für eine genau passende Lösung. Die Welle der Lebenskraft wird nicht nur Ihre alten Probleme wegschwemmen, sondern Ihnen auch neue Erfahrungen und Hilfsmittel zuführen.

Wie alles, was Ihnen im Leben widerfährt, bieten Ihnen Probleme die Chance, sich von ihrer Energie bewegen zu lassen. Die Energie der alltäglichen Schwierigkeiten, Probleme und

Herausforderungen kann Sie bei Ihren Spontanübungen bewegen, und dann können Sie um einen kreativen Rat bitten, der Sie davon befreit, gegen Ihre Situation anzukämpfen, und Sie auffordert, sich als Mitverschwörer mit dem Leben zusammenzutun. Erkunden Sie die vielen Möglichkeiten, ein Problem mit einem Trick in eine Lösung, ein Hilfsmittel und sogar eine Anregung für die Zukunft zu verwandeln.

Wecken Sie Ihre Kreativität

Auf dem Weg zu einem Leben voller Energie werden Sie eine ganz neue Einstellung zum Thema Kreativität entwickeln. Sie werden nämlich aus erster Hand entdecken, daß etwas so Einfaches wie eine Energiepause nicht nur die Lebenskraft zum Vorschein bringt, sondern auch Ihre Kreativität. Wenn die Lebenskraft geweckt wird, ist Kreativität da. Genauso wie die Energie bewegt sich auch die natürliche Fähigkeit zu mehr kreativem Ausdruck durch Sie hindurch. Wenn sie Autokinetik machen, wird Ihr Alltag von einer neu entdeckten Kreativität berührt.

Lösungen für Schwierigkeiten, Ratschläge zur weiteren Gestaltung Ihres Lebens, schöpferische Ideen für ein spezielles Projekt – erbitten Sie sie während der Zeit, in der Sie mit der Lebenskraft mitfließen. Achten Sie darauf, zu welchen Formen des Selbstausdrucks Sie sich hingezogen fühlen. Wollen Sie ein spezielles Projekt in Angriff nehmen, mit einem Tagebuch anfangen, anders kochen, eine Singgruppe organisieren oder eine neue Methode finden, humorvolle Redensarten zu sammeln? Achten Sie auf eine neue Lust und einen neuen Wunsch, schöpferisch zu sein.

Bringen Sie mehr kreativen Ausdruck in Ihr Leben, damit die energetisierende, heilende Lebenskraft leichter fließen kann. Ich kenne beispielsweise Menschen, die eine Krankheit dadurch überwunden haben, daß sie sich in ein künstlerisches Projekt vertieften. Der bekannte Romanschriftsteller Anthony Burgess war einmal so krank, daß sein Arzt ihm nur noch kurze Zeit zu leben gab. Burgess beschloß sofort, seine Zeit optimal zu nutzen, und vertiefte sich in eine größere schriftstellerische Arbeit. Zur großen Überraschung seines Arztes überlebte er nicht nur, es ging ihm auch gut dabei.

Als Norman Cousins, ein anderer Schriftsteller, seine lebensbedrohende Krankheit mit großen Mengen Humor behandelte, heilte ihn die Vertiefung in dieses Projekt vielleicht genausosehr wie sein Lachen. Ähnlich hat Dr. Bernie Siegel herausgefunden, daß die Menschen, die den Mut nicht sinken lassen, eine lebensgefährliche Krankheit am ehesten überleben. Sie haben aus ihrem eigenen Überleben ein wichtiges kreatives Projekt gemacht, jedes Buch gelesen, das ihnen in die Hände gefallen ist, verschiedene Behandlungsmethoden ausprobiert und auf der Suche nach dem nächsten Schritt auf ihre innere Stimme gehört. Die Vertiefung in ein kreatives Projekt ist eine Möglichkeit, um das Fließen der universellen Lebensprozesse zu aktivieren.

Starten Sie ein echt kreatives Projekt. Warten Sie nicht, bis Sie krank sind, um sich in ein kreatives Projekt zu stürzen. Machen Sie es sofort und entdecken Sie, daß dies noch mehr Energie und Vitalität in Ihren Alltag einbringt. Bitten Sie während Ihrer Autokinetik-Übungen in einfachen, klaren Worten um Anleitung beim Ausdruck Ihrer angeborenen Kreativität. Wenn Sie Ihre individuelle Kreativität noch nicht entdeckt haben, können Sie darum bitten, daß Sie zu ihr geführt werden. Wenn Sie wissen, welche Form des schöpferischen Ausdrucks Ihre Seele anrührt, können Sie danach fragen, in welche Richtung Sie ihn lenken sollen. Ich habe einmal mit einer bekannten Jungschen Therapeutin aus St. Paul in Minnesota gearbeitet, die feststellte, daß die Bewegung der Lebensenergie in ihrem Körper den Wunsch in ihr weckte, einen Roman zu schreiben. Einen anderen Klienten, einen Architekten aus New York, inspirierten die Bewegungen dazu, mit dem Töpfern anzufangen.

Wenn Sie während oder nach einer Energiepause eine Eingebung, ein deutliches Bild oder einen abstrakten Hinweis bekommen, der mit Ihrer persönlichen Kreativität zu tun hat, sollten Sie ihm sofort nachgehen. Nehmen wir zum Beispiel an, daß Sie im Verlauf Ihrer Übungen festgestellt haben, daß die kontemplative Betrachtung einer bestimmten Blume Sie beschäftigt. Wenn so etwas geschieht, sollten Sie sofort nach der Übung hinausgehen und etwas unternehmen, was mit dieser Blume zu tun hat: sie kaufen, anpflanzen, malen, etwas über sie lesen oder ein Gedicht über sie schreiben. Machen Sie alles mit ihr, was Ihnen einfällt und Ihre Neugier, Ihre Leidenschaft und Ihr Interesse weckt. Auf diese Weise aktivieren und nähren Sie Ihre schöpferischen Prozesse und veranlassen sie, in Ihrem Leben stärker präsent zu sein.

Der Flughund. Bei der Arbeit mit einem Arzt aus St. Paul kam während der Autokinetik-Sitzung das Thema Flughund auf. Da der Hund spontan in unsere Unterhaltung hineingeflogen war, hielt ich es für eine gute Idee, wenn der Arzt ein Bild dieses Flughundes in der Nähe des Ortes hätte, an dem er träumt, also in seinem Schlafzimmer.

Von mir ermuntert, las er über dieses Geschöpf alles, was er finden konnte, und schnitt dann ein Bild des Tieres aus, das in einer Ecke an seiner Schlafzimmerdecke hing. In der folgenden Woche erinnerte er sich nach einer sehr intensiven Energiepause daran, daß es eine der bewegendsten Erfahrungen seiner Kindheit gewesen war, als er im familieneigenen Wassertank eine tote Fledermaus entdeckt hatte. Damals war er so neugierig auf die Fledermaus, daß er sie sorgfältig sezierte und verblüfft feststellte, daß sie zum Teil wie ein Mensch gebaut war. Die Fledermaus faszinierte ihn so, daß seine Mutter ganz erstaunt war und sich Zeit für ein längeres Gespräch mit ihm nahm. Dies war, wie er sagte, eins der Schlüsselerlebnisse seiner Kindheit.

Als ihm klar wurde, daß der Flughund eigentlich eine Fledermaus war und daß zwischen dieser Kreatur und dem Kindheitserlebnis eine Beziehung bestand, floß in unsere Unterhaltung das Geheimnisvolle ein. Als wir uns fragten, wieso der Flughund in seinem Schlafzimmer ihn beeinflussen konnte, erinnerte er sich an etwas Ungewöhnliches in bezug auf seine Träume: Fast alle hatten mit einer Höhle zu tun. Außerdem erkannte er, daß er die meisten Träume in seinem Wochenendhaus hatte, das zufällig wie eine Höhle in die Erde hineingebaut war. Mit diesen Einsichten wurde seine schöpferische Phantasie und sein Wunsch, sich kreativ auszudrücken, lebendig. Er begann, Bilder von Fledermäusen zu skizzieren und Kurzgeschichten über sie zu schreiben, und dies machte ihn offen für eine schöpferische Reise, durch die sein Alltag mehr Mysterium, Wunder und Verzauberung erhielt. Der symbolische Gehalt dieser Ereignisse und die zur Erklärung ihrer Bedeutung benutzten Worte waren weniger wichtig als die schöpferische Energie, zu der seine Erfahrungen ihn inspiriert hatten.

Traumreise. Die bereits erwähnte Turnerin, die mit einem Knieproblem zu mir kam, stellte ebenfalls fest, daß der Fluß der Lebenskraft vom Fluß ihrer schöpferischen Prozesse nicht zu trennen war. Nach einer Autokinetik-Sitzung fingen wir an, über eine bestimmte Schachtel zu sprechen, die ihre Großmutter ihr früher einmal geschenkt hatte. Ich sagte ihr, sie solle auf einen Traum achten, in dem diese Schachtel ihr vielleicht begegnen würde. Schon in der nächsten Nacht träumte sie davon und hörte eine Stimme, die ihr sagte, sie solle die Schachtel öffnen. Sie tat es und stellte fest, daß sie eine winzige zusammengerollte Schlange enthielt. Dies erschreckte sie nicht, sondern weckte ihre Neugierde. Ich erzählte ihr, daß weltweit Kulturen die Schlange als Symbol der Lebenskraft betrachten. Ich bat sie, sich die Träume der folgenden Woche zu merken und für jeden Traum ein Wort auszusuchen, das seine Bedeutung am besten wiedergab. Für den Traum, den sie gerade gehabt hatte, wählte sie das Wort »Schlange«. Als sie zur nächsten Sitzung erschien, berichtete sie voller Freude, sie hätte drei eindrucksvolle Träume gehabt.

Im ersten Traum betrat ein angsteinflößender Verbrecher ihr Haus. Sie versteckte sich im Wandschrank unter einem Haufen Kleidung. Als der Eindringling die Tür zum Wandschrank öffnete und die Kleider hochhob, sah er sie an und sagte: »Hier ist niemand.« Dann ging er, und ihr wurde kein Schaden zugefügt. Das Wort für diesen Traum war »Angst«, und wir sprachen darüber, daß die letzten drei Jahre ihres Lebens von der Angst erfüllt gewesen waren, nie wieder eine turnerische Leistung vollbringen zu können. Drei Jahre lang hatte sie auf verschiedene Weise Hilfe gesucht, aber sie hatte bei keinem einzigen Wettbewerb mitgemacht. Im Traum jedoch stand sie der Angst gegenüber, und sie kam nicht herein. Sie war für die Angst unerreichbar.

In der zweiten Nacht träumte sie, am Rand einer Schlucht zu stehen. Sie verwandelte sich in eine Wolke und konnte über die Schlucht fliegen und über einen Wald, der sich direkt neben ihr befand. Ihr Wort für diesen Traum war »Wolke« und dies fing ihr Gefühl ein, schwerelos zu sein und ohne Mühe fliegen zu können.

Im dritten Traum dieser Woche sah sie sich, wie sie bei einem Turnwettbewerb ihre Übungen absolut vollkommen präsentierte. Sie wählte die Worte »erwünschte Wirklichkeit«, um die Essenz dieses Traumes einzufangen, und vermerkte, daß sie in ihm völlige Ekstase erlebt hatte. Sie nahm dann die Worte, die sie für ihre Träume gewählt hatte, und konstruierte aus ihnen einen Satz, der ausdrücken sollte, was sie aus ihren täglichen Autokinetikübungen gelernt hatte. Der Satz lautete: »Wenn du die zusammengerollte *Schlange* siehst, werden manche Leute *Angst* sehen, aber du wirst das Geheimnis des Lebens sehen, die Lebenskraft und Energie, die dich in eine schwerelose *Wolke* verwandelt und dich mühelos zur *erwünschten Wirklichkeit* trägt.« Sie beschloß, sich bei der Vorführung ihrer Turnübungen jedesmal auf diesen Satz zu konzentrieren. Schon am nächsten Abend trat sie zum ersten Mal seit Jahren auf. Sie plazierte sich in zwei Wettbewerben und führte ihre Mannschaft zum ersten Platz.

Durchleben Sie jeden Tag, jede Woche wie ein Jäger, der Momente aufspürt, die Ihre kreative Entwicklung inspirieren. Wenn Sie eine Zeile aus einem Gedicht hören, das Sie bewegt, oder eine schöne Szene sehen, die Ihr Herz erfüllt, oder einen Duft riechen, der Ihre Stimmung hebt, dann halten Sie inne, schreiben Sie eine kurze Darstellung dieser Erfahrung nieder, und bewahren Sie die Erinnerung an diesen kurzen Augenblick der Inspiration. Nehmen Sie sie in ihre nächste Energiepause mit und lesen Sie sie sich vor den Übungen laut vor.

Betrachten Sie dies als Möglichkeit, die Keime der Inspiration, die Ihren Alltag durchziehen, einzupflanzen und Wurzeln bilden zu lassen. Wenn die Energie der Lebenskraft diese Keime streift, können sie sich im Erdreich verankern und zu zukünftigen Episoden schöpferischen Ausdrucks heranreifen. So können Sie mit der Autokinetik einen ganzen Garten voller Kreativität anlegen und dadurch mehr Schönheit in Ihr Leben bringen.

Gehen Sie in die Lebenskraft mit dem Bewußtsein hinein, daß sie nicht nur den Wunsch nach schöpferischem Ausdruck mit sich bringt, sondern auch die Möglichkeiten, ihn zu äußern. Seien Sie offen für alle Verbindungen, die sie durch Nacht- oder Tagträume zu Ihrer schöpferischen Phantasie herstellt. Achten Sie auf energiegeladene Eingebungen und geben Sie ihnen so viel Kraft, daß sie sich im Alltag realisieren können. So werden Sie Ihren eigenen Weg finden, die Freuden des schöpferischen Ausdrucks in die Welt zu bringen.

Hautkontakt: Die Kunst, enge Beziehungen durch Berührungen zu beleben

Die Autokinetik stellt Ihnen eine wirkungsvolle Methode zur Verfügung, um persönliche und intime Beziehungen durch energiegeladene Berührungen und Bewegungen zu beflügeln. Wir alle werden mit dem Wunsch nach Hautkontakt geboren – dem Wunsch, zu berühren und berührt zu werden, denn diese Erfahrung trägt dazu bei, uns wach und heil zu machen und das Leben wirklich zu erkennen. In einem sozialen Klima, das Geschlechtskrankheiten und sexuelle Aggressionen zu Recht fürchtet, begegnen wir jedoch auf Schritt und Tritt den unseligen Folgen der »Berührungsphobie« und des »Berührungsanalphabetentums«. Oft haben wir Angst, unsere Haut ins Spiel zu bringen, und stellen fest, daß Berührungen rein sexuell interpretiert werden.

Die Autokinetik gibt dem Berühren eine hoffnungsvolle Richtung. Sie lädt uns ein, die breite Palette sinnlicher und erleuchtender Möglichkeiten kennenzulernen, die eine Berührung innerhalb und außerhalb des Schlafzimmers bietet, sowie der Tatsache, daß liebevolle, energetisierende Berührungen für unsere Gesundheit und unser Wohlbefinden notwendig sind, mehr Respekt zu zollen.

Die natürlichen Bewegungen, das Nach-Außen-Bringen der Energie und die inneren Erkenntnisse, die sich als Folge autokinetischer Übungen einstellen, führen zu angstfreien, verantwortlichen Berührungen, ohne sinnliche Wahrnehmungen und Entdeckungsreisen auszuschließen. Die Autokinetik kann die Tür zu einer kreativen Erotik öffnen, weil sie Berührungen als etwas Heiliges versteht und sie in diesem Sinne praktiziert und ermutigt.

Wir sehnen uns nach beseelten Berührungen, die uns die Energie geben, die sanfte Wärme und das strahlende Feuer der Liebe zu spüren und auszudrücken; diese Berührungen können von der Liebkosung durch einen geliebten Menschen genauso ausgehen wie von der Musikalität einer sinnlichen Lyrik oder dem Duft des Flieders im Frühling. Berührungen – im aktiven und im passiven Sinne – kommen nicht nur über die Haut zustande, sondern auch über das, was wir sehen, riechen, schmecken und uns vorstellen. Wenn die Energie und die Seele von Dingen und Menschen uns nicht auf diese Weise berühren, wird das Leben schnell zu einer ermüdenden Routine, die uns verschleißt und uns im Hinblick auf Vergangenheit, Gegenwart und Zukunft den Mut nimmt. Wir ersticken unter Selbsthilfeschlagworten, aber uns fehlen Berührungen, die unser Gefühlsleben und unsere Beziehungen inspirieren und verwandeln.

Erweitern Sie Ihr Berührungsvokabular. Während Ihrer Autokinetik-Übungen stimmen und reinigen Sie all Ihre Sinne. Lassen Sie daher den Übungen eine Erfahrung folgen, die Ihren Sinnen Freude macht: Lesen Sie ein Gedicht, hören Sie Musik, berühren Sie die Erde, riechen Sie einen besonderen Duft, betrachten Sie ein wunderschönes Kunstwerk, schreiben Sie einen Brief oder spazieren Sie durch die Natur. Registrieren Sie, daß Sie sich sehr viel lebendiger fühlen, wenn Sie richtig gestimmt sind, und daß das Leben Ihre Sinne sehr viel intensiver berührt.

Mit Hilfe von Berührungen kann die Lebensenergie auch zwischen Menschen fließen. Die prickelnde Energie, die uns dazu anregt, lebendiger zu sein, wurde früher *Eros* genannt; darunter wurde nicht nur die Energie des Lebens und der Sexualität verstanden, sondern ganz allgemein der Impuls zu Beziehung und Ganzheit – die Kraft also, die Menschen durch den Wunsch nach Liebe zusammenführt – der vollkommene, grenzenlose Zustand der Einheit.

Berührungen innerhalb der Familie. Im normalen Familienleben gibt es viele Gelegenheiten für Berührungen. Wir können uns gegenseitig die Haare kämmen, uns den Rücken massieren oder uns kitzeln. Familien, die sich mit Lebenskraft aufladen, werden viele Möglichkeiten finden, sich zu berühren; und sie werden feststellen, daß das Berühren eine natürliche Methode darstellt, um arbeitsbedingten Streß und Ärger abzubauen und sich jeden Tag seine Zuneigung zu bezeugen.

Berühren Sie Familienangehörige oder Intimpartner genauso improvisiert, wie Sie bei einer Autokinetiksession sich selbst berühren. Geben Sie ihnen eine improvisierte Massage, indem Sie Ihre Finger und Ihre Hände ungezwungen auf ihnen bewegen. Schicken Sie ihnen dabei liebevolle Energie. Hören Sie mit der Gewohnheit auf, abends passiv zusammenzusitzen. Wenn Sie zusammen fernsehen, dann berühren und massieren Sie sich dabei und lassen Sie zu, daß die Lebenskraft Ihre ganze Familie durchströmt.

Berührungen im Alltag. Jeder Tag bietet uns zahlreiche Gelegenheiten, andere außerhalb des familiären Rahmens zu berühren. Die Choreographie unseres täglichen Hautkontakts reicht vom Händeschütteln über das Schulterklopfen bis zu Umarmungen. Mit Hilfe der Autokinetik lernen Sie, diese taktilen Kontakte so zu energetisieren, daß in Ihren täglichen Interaktionen mehr positive Resonanzen entstehen. Wenn Sie beispielsweise jemandem die Hand schütteln, können Sie sich vorstellen, daß Sie eine kleine Energiewelle übertragen, die Ihrem Gegenüber für den Tag Schwung gibt. Ich kenne Heiler, die diese Methode so beherrschen, daß sie während eines kurzen Händedrucks oder einer Umarmung Energie übertragen können. Ähnlich können Sie lernen, durch sanfte Berührungen unentdeckte Ströme heilender Energie an andere weiterzugeben.

Intime Berührungen. Im Bereich der Intimität geht die energiezentrierte Lebensauffassung davon aus, daß dem sexuellen Verlangen die Hoffnung auf eine erotische Einheit mit dem geliebten Menschen zugrunde liegt – was bei unserer üblichen Sexualität nicht unbedingt der Fall ist. Wenn Sie hochresonante Interaktionen mit anderen herstellen können, werden Sie feststellen, daß die heilige Vereinigung von Intimpartnern außerhalb des traditionellen sexuellen Rahmens stattfinden kann, und zwar im Schlafzimmer genauso wie in der Öffentlichkeit, etwa über einen Restauranttisch hinweg. Die Autokinetik bringt Sie auf natürliche Weise zu neuen Arten des Energieaustauschs mit eng vertrauten Menschen und führt dazu, daß Sie Ihr Sexualleben ganz neu erfinden, denn Sie entdecken die unterschiedlichsten Möglichkeiten, eine energiegeladene Einheit zu erreichen.

Wenn Ihr Intimpartner ebenfalls Autokinetik macht, öffnet sich für Sie beide eine ganz neue Welt des Erlebens. Sie können sich zusammen hinsetzen und alle drei Schritte der Technik so absolvieren, daß Ihre Bewegungen synchron werden. Folgen Sie dem Ruf Ihres Körpers, Ihren Partner so zu berühren, daß ein natürlicher Rhythmus und eine natürliche Bewegung Sie beide überkommt. Schaukeln, schwingen, schütteln und vibrieren Sie gemeinsam.

Zu den unglaublichsten Ergebnissen der Autokinetik gehört zweifellos, daß sie Ihr Sexualleben stark zu energetisieren vermag. Ich habe oft von Paaren gehört, daß sie völlig überrascht entdeckten, daß ihre Energiepausen den Wunsch nach sexuellem Ausdruck weckten. Ein Paar aus Fort Lauderdale, das seit fast 30 Jahren verheiratet war, benutzte die Autokinetik als Form des Liebesspiels. Es ließ seine Bewegungen spontan fließen und fiel dann in eine Art rhythmische Trance, die ihm eine intensive Erfahrung der Sexualität eröffnete. Wenn die beiden sich leidenschaftlich und voller Verlangen zusammen bewegten, begannen ihre Körper zu schaukeln und zu schwingen, bis eine sehr starke Schwingung sich gleichzeitig durch sie hindurch bewegte. Sie hatten das intensive Gefühl, in eine andere Realität hineinkatapultiert zu werden, einen Ort, an dem vollkommene Seligkeit und Ekstase herrschten.

Viele Paare entdecken dieses hochenergetische sexuelle Territorium, wenn sie zusammen intensiv Autokinetik machen. Zu ihrer noch größeren Überraschung erreichen sie manchmal einen Höhepunkt, ohne tatsächlich körperlich miteinander zu verkehren. Statt dessen führt die Kraft der zusammen vibrierenden Körper jeden von ihnen zu dem, was ich einen »Ganzkörper-Orgasmus« nenne – der Erfahrung, reine Bewegung und Schwingung zu werden und damit eine Grenze zu überschreiten, die weiterer Erkundung bedarf. Diese Schwingungsbegegnungen – die einige Paare für befriedigender halten als traditionelle Formen der körperlichen Sexualität – können uns auf risikolose und lustvollere Formen des intimen Austausches von Energie, Liebe und Leidenschaft ausrichten.

Ich kann Ihnen versichern, daß die Sinnlichkeit, die Sie erwartet, wenn Sie zusammen die höchsten Frequenzen und Vibrationen erreichen, intensiver ist als bei der konventionellen Sexualität. Es gibt spontane Bewegungen, die Sie beide packen, das Gefühl des Getrenntseins beseitigen und Sie zu einem heiligen Einssein führen, das über alles hinausgeht, was Sie je für möglich gehalten hätten.

Die alten Geheimnisse des Lebens entdecken

Die Autokinetik-Übungen machen Sie offen für die Wahrheiten der ältesten spirituellen Traditionen der Welt. Die natürlichen Bewegungen der universellen Lebenskraft können Sie in die höchsten Bereiche der menschlichen Erfahrung katapultieren. Dies findet am ehesten dann statt, wenn Sie weniger an Ihre eigenen unmittelbaren Sorgen denken, und eine engere Beziehung zur Ganzheit des Lebens eingehen. Wenn Sie leerer werden und die Lebenskraft durch sich hindurchströmen lassen, erleben Sie das Einssein mit dem Universum.

Als ich von Ikuko Osumi, Sensei, zum ersten Mal eine volle Übertragung der universellen Lebenskraft erhielt, hatte ich das Gefühl, als wäre mein Atem vom Atem allen Lebens nicht zu trennen. Bei jedem Atemzug erlebte ich, daß das ganze Universum atmet. Bei meinen Autokinetik-Übungen hatte ich auch schon das Gefühl, daß mein Geist und mein Körper sich diesem universellen Atem anschließen.

Dr. Valerie Hunt von der Universitätsklinik Los Angeles hat festgestellt, daß die höchsten Schwingungen, die wir produzieren können, uns zu den höchsten Formen mystischer Erfahrungen führen. Sie hat die Hirnfrequenzströme von Mystikern aufgezeichnet, die in diese Bereiche hineinkamen, und festgestellt, daß sie bei etwa 200 kHz lagen, dem höchsten Wert, den die wissenschaftlichen Meßinstrumente in ihrem Labor überhaupt aufzeichnen konnten. Die Frequenz eines normalen, geerdeten Bewußtseins liegt dagegen unter 250 Hz, und die bei medialer Aktivität etwas über 400 Hz. Die höchsten Bereiche der Mystik entsprechen also Frequenzen, die über tausendmal größer sind als die anderer Bewußtseinszustände. Auf den höchsten Frequenzen wird Helligkeit wahrgenommen – das »weiße Licht«, das nach Nahtoderlebnissen und mystischen Erfahrungen beschrieben wird.

Ich glaube, daß die von Dr. Hunt dargelegten höchsten Frequenzen mit den energetisierendsten, vitalisierendsten und das Leben am meisten verändernden Erfahrungen verbunden sind, die wir haben können. Die höchste Weisheit, die uns überhaupt zugänglich ist, wird dann direkt in Ihr Wesen gebracht. Dabei erfahren Sie, daß der sicherste Weg zu Energie, Vitalität und Glück darin besteht, rücksichtsvoll, freundlich und liebevoll zu leben. Wenn Sie anderen großzügig geben, fließt Ihnen Lebenskraft zu. Wenn Sie zu anderen freundlich sind, wird Ihre Lebenskraft angekurbelt und gestärkt. Und wenn Sie auf der höchsten Stufe lieben, bewegt die universelle Lebenskraft Sie zu den höchsten Reichen mystischer Erkenntnis und Harmonie. Im Zentrum der Autokinetik steht der Puls des Lebens, der uns dazu bewegt, Liebe zu geben und zu nehmen.

Infolgedessen bin ich wie Dr. Robert Fulford der Meinung, daß die universelle Lebenskraft sich durchaus mit dem gleichsetzen läßt, was die Religionen als Gott, das Göttliche oder höchstes Wesen bezeichnen. Es hält unser Leben in der Hand und kann es heilen und inspirieren. Aus dieser Sicht hängt das Gute immer mit dem ungehinderten, natürlichen Fluß des Lebens zusammen, während das Böse eine Blockade dieses Flusses darstellt.

Als ich am Open Center in New York Autokinetik unterrichtete, hatte ich die Gelegenheit, mit einem jungen Fotografen zu arbeiten, der fast zehn Jahre lang bei einem spirituellen Lehrer in Indien gelebt hatte. Als dieser Fotograf in die natürlichen Bewegungen hineinfiel, kam er sofort in einen spirituellen Bewußtseinszustand und rief, er sehe das heilige Licht der »göttlichen Mutter«. Die natürlichen Bewegungen bescherten ihm eine intensive spirituelle Erfahrung, die sein Leben stark berührte.

Bei einer Autokinetik-Zeremonie, die ich vor ein paar Jahren in der Gegend von San Francisco leitete, hatte ein international anerkannter Konzertpianist eine ähnliche Erfahrung. Die Bewegungen trugen ihn in eine intensive mystische Erfahrung, die von allen Anwesenden gespürt wurde. Dieser Zustand öffnete sein Herz für den ungehinderten Fluß der Lebenskraft.

Ich habe gesehen, daß Versicherungsvertreter, Innenarchitekten, Lehrer, Krankenschwestern, Ärzte, Ingenieure, Kellnerinnen, Büroangestellte, Maler, Dichter, Tischler und Computerprogrammierer – um nur ein paar zu nennen –, intensive spirituelle Erfahrungen hatten, die einfach dadurch in Gang gesetzt wurden, daß sie ihrem Körper erlaubten, von der Energie des Lebens bewegt zu werden. Ich habe immer wieder festgestellt, daß die von der Autokinetik ausgelösten natürlichen Bewegungen Sie zu einer Erfahrung des Heiligen tragen können, die Ihr Leben völlig verändert, egal welcher spirituellen Tradition Sie angehören, und auch wenn Sie sich keiner aktiv zurechnen.

Energetisiertes Beten

Einer der sichersten Wege zu den höchsten Schwingungsbereichen führt über das Gebet. Alfred Lord Tennyson schrieb einmal: »Durch Beten werden mehr Dinge bewirkt, als diese Welt sich träumen läßt.« Die Pionierarbeit von Dr. Larry Dossey zeigt, daß das Gebet eine sehr wirkungsvolle Medizin darstellt. Bei der Besprechung zahlreicher Forschungsstudien, die die mit dem Beten verbundenen positiven Ergebnisse zeigen, kommt Dossey zu dem Schluß: »Wenn die untersuchte Methode [das Beten] eine neue Droge oder ein chirurgisches Verfahren wäre, wäre es fast sicher als eine Art Durchbruch gefeiert worden.«*

Der Schlüssel zur Macht des Betens liegt darin, daß es uns

---

* Larry Dossey, *Recovering the Soul. A Scientific and Spiritual Search.* New York 1989.

in eine positive Resonanz mit dem Puls des Lebens und damit auf die höchsten Frequenzen bringt. Die zum Beten erforderliche geistige Verfassung stellt eine Möglichkeit dar, Verstand und Körper so zu stimmen, daß sie die stärksten Strömungen der Lebenskraft leichter erreichen. Auf der ganzen Welt wiegen sich Menschen, die innig und aufrichtig beten, vor und zurück. Ich habe diese spontanen Körperbewegungen bei heiligen Zeremonien auf der ganzen Welt gesehen, von den afroamerikanischen Baptisten über die Heilungszeremonien der Buschmänner zu den Gebeten in einer orthodoxen jüdischen Synagoge.

Die zeitgenössische amerikanische Heilerin Agnes Sanford, deren Erfolge gut dokumentiert sind, ermunterte Menschen immer zur Energieheilung mit Hilfe des Gebets. Gläubigen schlug sie Formulierungen vor wie: »Himmlischer Vater, bitte vermehre Deine lebensspendende Kraft in mir.« Wer sich mit diesen Worten nicht wohl fühlte, sollte sagen: »Wer und was Du auch bist, gehe jetzt in mich ein.« Durch ein solches Beten sind wir weniger mit uns selbst beschäftigt und stärker erfüllt vom größeren Feld des Lebens. Die gleiche Einstellung gilt für die Autokinetik. Die Schwingungen und Energiewellen kommen auch ohne Gebet, aber wenn Sie zusätzlich beten, erhalten Sie eine Superladung. Wenn Sie an die Spontanübungen mit der Einstellung herangehen, daß Sie sich der *Ganzheit des Lebens* überantworten, und dies auch äußern, erhalten Ihre Übungssitzungen auf natürliche Weise mehr Kraft.

Obwohl erwiesenermaßen alle Wege des Betens wirken, halte ich es immer für gut, darum zu bitten, daß »Dein Wille geschehe«, oder anders gesagt: »Möge die Ganzheit des Lebens die Dinge regeln.« Diese Bitte bringt uns noch stärker in eine heilige Beziehung zum Leben und stimmt uns auf seine höchsten energetisierenden und heilenden Schwingungen ein.

Wenn Sie sich mit den natürlichen Rhythmen des Lebens bewegen, werden Sie feststellen, daß Ihr Leben zu einer vom Geist beseelten Reise wird, die Ihren Durst wahrhaft löscht. Wenn Sie lernen, sich natürlich mit dem Puls des Lebens zu bewegen, kehren Sie zu einer der ältesten Wahrheiten des Lebens zurück.

Wie Dorothy im *Zauberer von Oz* entdecken Sie, daß Sie den Weg nach Hause finden werden, egal wie weit Sie herumstreifen. Wenn Sie wirklich nach Hause kommen, wartet ein perfekt auf Sie zugeschnittenes Leben auf Sie, das voller Freundlichkeit, Anmut, ekstatischer Freude und der glückseligen Verwirklichung Ihrer liebsten Hoffnungen, Wünsche und Träume ist. Kehren Sie heim zu den natürlichen Bewegungen, die darauf warten, Ihrem Leben Energie und Vitalität zu geben. Dann werden Sie jeden Tag neu geboren und führen Ihrer persönlichen Reise neue Energie und Vitalität zu. Stanley Kunitz drückte dies poetisch so aus:

Ich kann kaum bis morgen warten,
daß ein neues Leben für mich beginnt,
denn es beginnt jeden Tag,
jeden Tag.

Kapitel 4
Die 12 häufigsten Fragen, die zur Autokinetik gestellt werden

Wenn ich vor Publikum auf der ganzen Welt erläutere, wie die Autokinetik Energie ins Leben bringen kann, werden sehr häufig die folgenden 12 Fragen gestellt:

1. Was ist das Wichtigste, an das ich denken sollte, wenn ich eine Energiepause mache?
Denken Sie immer daran, daß Ihr Körper sich mit möglichst wenig Anstrengung bewegen sollte. Die Bewegung kann klein oder groß, einfach oder komplex, innerlich oder äußerlich sein. Wenn sie sich spontan anfühlt, löst sie Ruhe, Frieden und Entspannung oder eine meditative Verfassung aus. Eine Energiepause ist eine echte Unterbrechung Ihres Alltags. Als Kind hatten Sie in der Schule eine Pause, in der Sie frei herumtollen konnten. Als Erwachsener ist fast jede Sekunde Ihrer Zeit verplant, und selbst wenn Sie bei der Arbeit eine Pause haben, nutzen Sie diese Zeit, um etwas anderes zu tun. Wenn Sie Sport treiben oder sich entspannen, geschieht dies wahrscheinlich mit einer bestimmten Absicht. Selten, wenn überhaupt, geben Sie Ihrem Körper die Chance, wirklich frei zu sein und sich so zu bewegen, wie er will. Wenn Sie mehr echte Pausen in Ihr Leben einbringen, kann Ihr Körper nicht nur entspannen; er kann sich stimmen und dazu beitragen, daß Sie mit Energie aufgeladen werden.

2. Gibt es Lebensmittel, die mir mehr Energie geben können?
Das Wichtigste ist, daß Ihr Körper auch die Energie hat, das, was Sie essen, zu verwerten. Wenn Sie wenig Lebenskraft haben, werden auch die besten Lebensmittel der Welt wertlos für Sie sein; wenn Sie dagegen voller Lebenskraft sind, maximieren Sie den Nährwert jeder Speise. Um Ihre ganz persönliche Beziehung zur Ernährung zu verstehen, können Sie darauf achten, was passiert, wenn Sie bestimmte Lebensmittel essen. Tragen Sie ein Notizbuch mit sich herum, notieren Sie, was Sie essen und wie Sie sich anschließend fühlen. Anhand solcher Selbstbeobachtungen kann sich herausstellen, daß bestimmte Lebensmittel und Lebensmittelkombinationen problematisch für Sie sind. Manche Lebensmittel zum Beispiel sind nicht problematisch, wenn sie allein gegessen werden, aber sie können Ihnen Energie abziehen, wenn sie zusammen mit bestimmten anderen Lebensmitteln konsumiert werden. Finden Sie heraus, welche Lebensmittel Ihnen mehr Energie geben und welche Kopfschmerzen, Ermüdungserscheinungen oder Verwirrtheit auslösen. Ich persönlich halte Spinat für die stärkste Energienahrung, die bei den meisten Leuten die Lebenskraft aufbaut. Die Comicfigur Popeye der Seemann wußte offenbar genauso wie die Ärzte der chinesischen Medizin, daß Spinat eine Quelle für Energie und Vitalität ist.

3. Können Energiepausen mir meine Jugendlichkeit bewahren?
Ich habe Leute gesehen, die nach ein oder zwei Jahren Autokinetik sehr viel jünger aussahen. Die Patienten von Ikuko Osumi, Sensei, in Japan bezeichnen solche Energieübungen als »Jungbrunnen«. Ich bin Leuten begegnet, die zehn oder zwanzig Jahre jünger aussahen, als sie tatsächlich waren, nachdem sie die Methode über zehn Jahre lang täglich praktiziert hatten. Die Lebenskraft gibt Ihnen das, was für Ju-

gendlichkeit charakteristisch ist – Vitalität und das Strahlen einer vibrierenden Lebendigkeit. Das Geheimnis des Jungbleibens hat wenig mit Kräftigungsmitteln, Hautcremes, Enzymbehandlungen oder sonstigen Rezepturen zu tun. Das Geheimnis ist weder in einem Kurort noch im Reformhaus käuflich. Das Geheimnis ist die universelle Lebenskraft, und sie ist überall auf der Welt frei verfügbar.

4. Muß ich für die Energiepause sitzen?
Hören Sie auf Ihren Körper. Wenn Sie das Gefühl haben, aufstehen und sich bewegen zu müssen, dann tun Sie das. Ich habe festgestellt, daß wir am ehesten in die natürlichen Bewegungen fallen, wenn wir sitzen und hin und her schaukeln. Aber noch einmal: Hören Sie auf Ihren Lehrer – die natürlichen Bewegungen Ihres Körpers.

5. Ist Musik während einer Energiepause hilfreich?
Im Verlauf der Jahre habe ich mit verschiedenen Arten von Musik, Rhythmen und Tönen experimentiert, die das Üben erleichtern. Nicht jede Musik hilft. Wenn die Musik zu melodisch ist oder Sie zu vertrauten Ausdrucksformen hinreißt, wird sie Ihnen möglicherweise nicht helfen, in die natürlichen Bewegungen hineinzukommen, die für die hier vorgestellte Methode erforderlich sind. Sie brauchen einen musikalischen und rhythmischen Hintergrund, der so pulsiert, daß Sie in die Resonanz mit der Lebenskraft hineinkommen.

6. Verbessert die Energiepause mein Sexualleben?
Sehr häufig bringt die Autokinetik neue Energie in Ihr Sexualleben. Die Sexualität mit ihrem Vibrieren, ihren rhythmischen Bewegungen und ihren Energiewellen ist eine Ausdrucksform der Lebenskraft. Alte Traditionen kennen die Beziehung der

Sexualität zur Lebenskraft schon lange und geben die verschiedensten Methoden vor, um die eine durch die andere zu beeinflussen. Es ist eine gute Idee, Ihren Intimpartner dazu zu ermuntern, mit Ihnen Autokinetik zu machen. Es wird neue Möglichkeiten eröffnen, die Lebenskraft in Ihr Sexualleben einzubringen, und die Übungssitzungen mit mehr Freude, Lust und Eros erfüllen.

7. Ich bin Rentner und möchte wissen, ob ich zu alt bin, um mit Autokinetik eine Energiepause zu machen.
Die Autokinetik ist für ältere Menschen sehr gut geeignet. Weil sie nur Bewegungen kommen läßt, die natürlich und mühelos sind, brauchen Sie keine Angst zu haben, daß Sie sich überanstrengen oder verletzen. Sie wird neue Vitalität und Energie in Ihren Alltag bringen und Ihnen kreative Ideen für Projekte erschließen, die zu inspirierenden Aktivitäten führen.

In ganz Asien ist das tägliche Arbeiten mit der Lebensenergie für Menschen aller Altersstufen üblich. Dort scheint es, als würden ältere Leute, die täglich die Lebenskraft in ihren Körper bringen, mit zunehmendem Alter eher jünger als älter werden. Ihre Gesichter strahlen, und manchmal leisten sie mehr als Erwachsene, die zwanzig Jahre jünger sind.

Auch im fortgeschrittenen Alter kann Ihnen die Autokinetik nützen. Sie verbessert Ihre Verdauung und die Kontrolle über die Blase, kräftigt Muskeln und Knochen, sorgt für einen besseren Schlaf, lindert Hautjucken (eines der häufigsten Probleme im Alter) und bewirkt täglich das Gefühl, gesund und vital zu sein.

Ich glaube, daß die Autokinetik älteren Menschen, die oft täglich gegen die Erschöpfung ankämpfen und nach einer Energiequelle suchen, die ihrem Leben neue Vitalität gibt, zahllose Vorteile bietet. Ich glaube, daß alle Altenheime und

Senioren generell diese einfache und ungefährliche Methode kennen und in ihren Alltag einbringen sollten.

8. Ich bin ein spiritueller Mensch, der an die Macht des Gebets glaubt. Wie kann ich dies in die Autokinetik integrieren?
Ich ermuntere die Menschen zu dem, was ich »energetisiertes Beten« nenne. Es beinhaltet, daß Sie Ihr Gebet sprechen, wenn Sie von Energie erfüllt sind. Wenn sich Ihr Körper mit dem Puls der Lebenskraft bewegt, können Sie darum bitten, zu den höchsten Frequenzen gehoben zu werden, die spirituelle Resonanzen erzeugen. Wenn sich Ihr Körper in diese Schwingungsbereiche bewegt, können Sie Ihr Gebet mit der Überzeugung sprechen, daß es Kraft erhält und in der Spiritualität verankert ist.

9. Ich kann aufgrund einer Krankheit (oder Verletzung) Teile meines Körpers nicht bewegen. Wie soll ich eine Energiepause machen?
Da es keine richtigen oder falschen Bewegungen gibt, sollten Sie sich keine Sorgen darum machen, welche Teile Ihres Körpers sich bewegen und welche nicht. Lassen Sie zu, daß die natürlichen Rhythmen ihren eigenen Weg finden. Vielleicht bewegen Sie nur die Finger oder die Zehen, oder Sie spüren nur ein Vibrieren in Ihrem Körper. Sie können auch ausprobieren, wie es ist, sich Bewegungen der verletzten Körperteile vorzustellen. Dies führt Ihnen Energie zu und verbessert Ihr allgemeines Wohlbefinden.

10. Wann haben Menschen die heilende Wirkung der Lebenskraft zum ersten Mal erkannt?
Obwohl ich annehme, daß die ältesten Kulturen der Welt sich schon immer mit der Lebenskraft geheilt haben, gibt es bis

etwa 2000 v. Chr. keine schriftlichen Aufzeichnungen darüber. Zu dieser Zeit wurde das erste medizinische Dokument der Welt verfaßt, *Des Gelben Kaisers Klassiker über innere Medizin*, in dem die Vorstellung von einer *Qi* oder *Ki* genannten Körperenergie dargelegt wird. In diesem chinesischen Text finden wir die Worte: »Wenn deine Energie stark ist, kann keine Krankheit dich erreichen.« und: »Die Krankheit schlägt zu, weil deine Energie schwach ist.«

Eine weitere alte chinesische Überzeugung lautet, daß *Qi* aus zwei komplementären Aspekten besteht: Yin und Yang. Wenn diese beiden Aspekte oder Kräfte sich im Gleichgewicht befinden, entwickelt sich auf natürliche Weise ein Zustand der Gesundheit. Wenn sie dagegen nicht im Gleichgewicht sind, liegen die Voraussetzungen für eine Krankheit vor. Die alten Chinesen haben gelernt, die Lebensenergie zu lenken und ins Gleichgewicht zu bringen, um Krankheiten und vorzeitige Alterungsprozesse zu verhindern.

Auf der ganzen Welt finden wir historische Zeugnisse dafür, daß die Lebenskraft bekannt war. Einige Gelehrte spekulieren, daß die spirituellen Meister Indiens schon 5000 v. Chr. lernten, die Energie in ihrem Körper zum Fließen zu bringen. Auch die alten Ägypter kannten die heilende Energie, die durch das Handauflegen erzeugt werden kann. Die Kabbala, die alte mystische Tradition der Juden, bezeichnet diese Energie als Astrallicht. Man kann sagen, daß die Kunst, mit der Lebenskraft zu arbeiten, so alt ist wie die menschliche Kultur.

11. Gibt es fortgeschrittene Lehren und Anregungen, die mir weiterhelfen können, wenn ich mit der Autokinetik mehr Erfahrung habe?
Es gibt noch mehr Dinge zu lernen, die ich in diesem Buch nicht erwähnt habe, weil sie erst sinnvoll sind, wenn Sie mit

der Energiemethode vertraut sind. Diese Informationen werde ich Ihnen in einem späteren Buch zur Verfügung stellen.

12. Trägt die Energiepause zu Erfolg im Leben bei?
Energie ist zweifellos die wirkungsvollste Methode, um den erwünschten Erfolg zu erreichen. Sie erfüllt Sie nicht nur mit der Vitalität, die Sie brauchen, um Ihr Potential zu verwirklichen; sie gibt Ihnen auch Anleitungen, Selbstbewußtsein und ein tiefes Vertrauen in die natürlichen Abläufe des Lebens. Die Energetisierung Ihres Lebens ist der erste Schritt zur Verwirklichung des Lebens, das Sie am meisten wünschen. Sie hilft Ihnen, die richtigen Ziele für sich zu finden – die, die am natürlichsten sind –, und bringt Sie mit der Weisheit des Lebens in Kontakt. Durch sie finden Sie den Weg des Herzens und gehen auf eine Reise, die uns das Geheimnisvolle, Wunderbare zurückbringt, das wir früher als Kinder empfanden. Die Energetisierung Ihres Lebens führt Sie zu Ihren wahren Ursprüngen zurück und hilft Ihnen so, den sichersten Weg zu zukünftigen Träumen und Siegen zu finden.

Kapitel 5

Die Lebensenergie im Spiegel alter und neuer Traditionen

Auf der ganzen Welt haben die verschiedenen Kulturen ihren jeweils eigenen Weg zur Lebenskraft gefunden. Ob dröhnende Trommel, geschüttelte Rassel, ekstatischer Tanz, feierliches Gebet oder meditative Körperhaltung – allen Traditionen liegt der gleichmäßige Takt eines Körpers zugrunde, der sich in Harmonie mit der Energie des Lebens bewegt. Ich möchte einige der Wege vorstellen, durch die die Lebensenergie in den menschlichen Körper hineinbewegt wird, angefangen von eher subtilen Formen der Energiearbeit bis zu ekstatischen Techniken, beispielsweise dem Schütteln des Körpers oder wilden zeremoniellen Tänzen. Ich werde verschiedene Traditionen beschreiben, alte und neue, und dabei die Betonung auf die legen, die ich aus erster Hand erlebt habe.

Die heilende Berührung des Arztes

Die Geschichte der westlichen Medizin geht letztlich auf die sanfte und subtile Praxis zurück, heilende Energie durch Berührungen zu übertragen. Im alten Griechenland gab es einen Kult in Verbindung mit dem Arzt Äskulap, der als »göttlicher Arzt« bzw. »sanfter Heiler« bezeichnet wurde.

Seine Anhänger, zu denen auch Hippokrates gehörte, praktizierten das Handauflegen, wodurch, wie sie glaubten, den Patienten Heilkraft übertragen wurde. Der hippokratische Eid, den auch heutige Ärzte noch ablegen, beginnt mit der Anerkennung dieser Tradition: »Ich schwöre bei Apollo, dem Arzt, bei Äskulap ... nach meinem Können und meinem Urteil den folgenden Eid zu halten ...« Der Arzt und berühmte Autor Lewis Thomas kannte den alten Beitrag, den Berührungen für die Medizin darstellen. Er schrieb: »Berührungen sind das älteste Geheimnis der Medizin, das nie als zentrale, wesentliche Fähigkeit anerkannt und immer durch Tanzen und Singen in den Schatten gestellt wurde, das aber immer fleißig da war, das Handauflegen.«*

Unter KrankenpflegerInnen ist das Konzept des »therapeutischen Berührens« heute weit verbreitet. Die von Dolores Krieger, einer Professorin für Krankenpflege an der New Yorker Universität, entwickelte Richtung unterweist in der Arbeit mit den subtilen Strömungen der Lebenskraft. Über 30 000 KrankenpflegerInnen in den USA und Kanada wenden diese Energieheilung heute in Krankenhäusern und Kliniken an. Dolores Krieger war verantwortlich für eine oft zitierte Forschungsstudie, die feststellte, daß »der Hämoglobinanteil der roten Blutkörperchen sich signifikant ändert, wenn Kranke durch Handauflegen behandelt werden.«** Solche Forschun-

---

* Lewis Thomas, *The Lives of a Cell*. New York, 1974
** Siehe Dolores Krieger, »The Relationship of Touch, with Intent to Help or Heal, to Subjects' In-vivo Hemoglobin Values: A study in Personalized Interactions.« Tagungsberichte, American Nurses Association Ninth Nursing Research Conference, San Antonio, Texas, 21.–23. März 1973, S. 39–58, und Daniel Benor, *Healing Research: Holistic Energy Medicine and Spiritual Healing*, Bd. 1, London: Helix Editions, 1993

gen werden überall in der Medizin weiterbetrieben, vor allem an Einrichtungen wie dem *Touch Research Institute*, dem ersten wissenschaftlichen Institut zur Untersuchung von Berührungen an der medizinischen Hochschule von Miami.

Die christliche Tradition des Berührens

Der christlichen Tradition entspricht die sogenannte »königliche Berührung«. In der englischen Geschichte galt früher die Fähigkeit, durch Berührung heilen zu können, als Zeichen dafür, daß der Betreffende das Recht hatte, auf dem Thron zu sitzen. Da man annahm, Könige seien von Gott erwählt, glaubte man auch, sie besäßen die Gabe, heilen zu können. 1732 führte der Chirurg William Beckett eine offizielle Untersuchung über die königlichen Berührungen durch und erklärte sie für wirksam. Er stellte die Hypothese auf, daß der Aufenthalt in der Nähe des Königs den Kranken so erregte, daß sich seine Durchblutung verbesserte, was eine Heilung bewirkte.

Viele moderne christliche Heilgottesdienste bevorzugen eine ruhigere, entspanntere Form des Handauflegens ohne wilde, ekstatische Körperbewegungen. Einige Glaubensgemeinschaften erlauben auch eingeschränkte Körperbewegungen, etwa das Heben der Arme und Winken mit den Händen; wieder andere erlauben das Auf- und Abspringen, mißbilligen aber das Tanzen. Akzeptiert werden Bewegungen, die von den jeweiligen religiösen Führern gutgeheißen werden. Es gibt keine richtige oder falsche Art, sich mit der Lebenskraft zu bewegen, und man sollte die Weise wählen, die einem am besten entspricht; dies kann das wilde Tanzen eines ekstatischen

Gottesdienstes oder ein Rockkonzert genauso sein wie eine ruhigere, sanftere Form.

Eine wunderbare Einführung in die christliche Praxis des Handauflegens findet sich in Malcolm Miners Buch *Your Touch Can Heal: A Guide to Healing Touch and How to Use It*. Der Autor, ein ehemaliger College-Kaplan, Priester und Präsident des internationalen Ordens vom heiligen Lukas dem Arzt, bekam zufällig mit heilenden Berührungen zu tun, als seine Vorgesetzten ihn baten, sich um Kranke zu kümmern. Er stellte fest, daß Leute geheilt werden konnten, wenn er sie berührte, während er betete. Er gibt den gleichen Rat, der von Weisen auf der ganzen Welt gelehrt wird: Egal welche Weltanschauung Sie haben, bewirkt wird am meisten, wenn Sie glauben, daß die Sie durchströmende Energie vom höchsten Guten kommt.

Die chinesische Energiemedizin

In China und eigentlich ganz Asien existieren alte Traditionen der Energiearbeit, die manchmal als »feinstofflich« bezeichnet werden. Dabei streicht jemand mit seinen mit Energie aufgeladenen Händen über den Körper eines anderen Menschen und überträgt dabei Qi, d. h. feinstoffliche Ströme der Lebenskraft. »Äußerliche Qi-Heilung« *(wai qi zhi liao)* ist in chinesischen Krankenhäusern eine übliche Therapie. Der Heilende sendet mit seinem Körper Qi aus, die vitale Lebenskraft, um das Energiefeld des Patienten zu beeinflussen. Diese Methode, die in der alten Praxis des Qigong verwurzelt ist – was wörtlich »mit der Lebensenergie arbeiten« bedeutet –, ist am Institut für traditionelle chinesische Medizin in Shanghai wissenschaftlich untersucht worden; dort hat man krebskranken Versuchstieren Qi übertragen und festgestellt, daß sie länger überlebten als die Tiere, die kein Qi erhalten hatten. Die chinesischen Forscher haben sogar den Begriff eines Qigong-EEG eingeführt. Dieses Muster elektrischer Gehirnaktivität findet sowohl bei dem statt, der die Energie überträgt, als auch bei dem, der sie erhält.

In China gibt es zwischen 2000 und 4000 unterschiedliche Qigong-Stile. Die entsprechenden Körperbewegungen können im Liegen, Sitzen oder Stehen ausgeführt werden. Das Qigong-Forschungsinstitut in Shanghai war die erste medizinische Einrichtung, die sich mit der wissenschaftlichen Erforschung des Qigong beschäftigte. Dort und in anderen chinesischen Forschungseinrichtungen hat sich herausgestellt, daß Qigong die Gesundheit, die Energie, die Vitalität und die Qualität der täglichen Arbeit verbessert. Wissenschaftliche Forschungen in China bestätigen, daß es dazu beiträgt, Streß abzubauen, die Symptome eines Jetlag zu beseitigen, sportliche Leistungen zu verbessern, das Immunsystem zu stimulieren, akute und chronische Schmerzen zu lindern, die Erholung nach Verletzungen zu beschleunigen und die Effizienz westlicher Therapieformen zu verstärken, wenn man die Lebenskraft durch den Körper bewegt. Es reduziert die Heilungszeit nach einer Operation um 50% und ist erwiesenermaßen wirksam bei der Heilung von Tuberkulose, Magen- und Zwölffingerdarmgeschwüren, Leberkrankheiten, Kurzsichtigkeit, Substanzenmißbrauch, Fettleibigkeit, Asthma und Allergien. Auch Menschen mit neuromuskulären Schwierigkeiten, etwa nach einem Schlaganfall, bei Lähmungen durch eine Rückenmarksverletzung, bei Multipler Sklerose, Parkinsonkrankheit, zerebraler Kinderlähmung und Aphasie profitieren von Qigong.

Über 30 chinesische Forschungsstudien behaupten auch, daß es den Alterungsprozeß verlangsamt, wenn man mit Hilfe von Qigong die Lebenskraft im Körper bewegt. Zu den Auswirkungen von Qi auf den Körper gehört eine verminderte Schlaganfallanfälligkeit, bessere EKG-(Herz-)Werte und ein niedrigerer Blutzuckerspiegel bei Diabetikern. Schätzungsweise über eine Million Krebspatienten in China praktizieren täglich Qigong, und es liegen zahlreiche Berichte über Remissionen vor. Es hat sich auch herausgestellt, daß Qigong die Nebenwirkungen einer Chemotherapie abschwächt oder ganz beseitigt.

Chinesische Qi-Meister fordern einen Schüler manchmal auf, sie möglichst fest zu schlagen, aber der Schüler, der es versucht, wird vom Körper des Lehrers gewissermaßen zurückgestoßen, so daß er manchmal sogar auf den Boden fällt. Die Meister behaupten, daß sie Qi-Wellen aussenden, die jeden daran hindern, sie zu berühren. Einer meiner Schüler, William Sutherland, hat dies aus erster Hand erlebt und berichtet, es wäre so, als würde man in ein Kraftfeld hineinlaufen, das einem die gesamte Energie aus den Muskeln zieht.

Dem Qigong liegt die Überzeugung zugrunde, daß außer einem System von Nerven und Blutbahnen auch Energiebahnen – die sogenannten Meridiane – den ganzen Körper durchziehen. Zwei französische Ärzte, Jean-Claude Darras und Pierre de Vernejoul, haben an der nuklearmedizinischen Abteilung des Necker-Krankenhauses in Paris Experimente durchgeführt, die ihrer Meinung nach die Existenz dieser Energiebahnen bestätigen. Sie injizierten eine Isotopenlösung in Körperstellen, die von den Chinesen als Energiesammelpunkte identifiziert werden – die sogenannten Akupunkturpunkte –, und verfolgten den Verlauf der Lösung mit einer Szintillationskamera. Sie stellten fest, daß die Isotope sich eindeutig auf den klassischen chinesischen Energiebahnen bewegten.

Neben dem Qigong existieren viele andere östliche Richtungen der Energiearbeit, zum Beispiel Akupressur, *Shiatsu, Chi nei tsang, Anma, Hoshino, Jin shin jyutsu, Ayurveda* und *Tai chi chuan* sowie viele Schulen für Kundalini-Yoga, Aikido und Karate. Die Gelehrten spekulieren, daß in China schon vor 10 000 Jahren mit Schwingungsenergien gearbeitet wurde.

Die Kundalini Indiens

In Indien ist die universelle Lebenskraft und ihre Fähigkeit, Energiewellen in den Körper zu bringen und so das gesamte Wesen des Menschen zu verändern, allgemein bekannt. Man bezeichnet dies als »Erwachen der Kundalini«. Ein Yogi nimmt die Energie zuerst an der Basis der Wirbelsäule wahr, als wäre sie eine zusammengerollte Sprungfeder oder eine Schlange, die darauf wartet, geweckt zu werden. Das Sanskritwort *Kundalini* bedeutet tatsächlich »zusammengerollt«, und der Begriff wird zur Bezeichnung der schlafenden Energie benutzt, die in uns vorhanden ist und darauf wartet, geweckt und in den Alltag eingebracht zu werden. Sobald diese Energie aktiviert ist, kriecht sie langsam die Wirbelsäule hoch bzw. durchströmt den Körper wie ein Geysir. Die Energie kann im Körper zirkulieren oder am Scheitel des Kopfes austreten. In diesem Fall vibriert der Körper oder fühlt sich an wie elektrisch geladen, und die unterschiedlichsten Sinneswahrnehmungen sind möglich; im allgemeinen werden Wärme, Licht und Klänge registriert.

Die großen spirituellen Traditionen Indiens haben eine Anatomie und eine Physiologie des energetisierten Körpers aufgestellt und die Hauptenergiezentren als *Cakras* (oft als *Chakras* transkribiert) bezeichnet. Sie werden im allgemeinen als Lotusblüten mit einer unterschiedlichen Anzahl von Blütenblättern abgebildet. Diese Energiewirbel sind entlang der Körperachse angeordnet. Die Tantra-Yoga-Theorie zur Kundalini kennt außerdem verschiedene Bahnen, sogenannte Nadis, in denen sich die erweckte Kundalini bewegt. Die verschiedenen Yoga-Traditionen empfehlen unterschiedliche Methoden, um diese Energie zu aktivieren und sie im Rahmen spiritueller Übungen durch den Körper zu bewegen. Dazu gehören Klänge, spontane Handhaltungen und Körperbewegungen sowie spezielle meditative Körperhaltungen. Im allgemeinen glaubt man, daß die voll erwachte Energie sich von der Basis der Wirbelsäule durch jedes Chakra nach oben und schließlich aus dem Körper heraus ins Zentrum der universellen Lebenskraft hineinbewegt, wodurch die Erfahrung der Erleuchtung bewirkt wird. Menschen, die voll in diese intensivste Kommunion mit dem Leben eingeweiht sind, haben eine natürliche Verbindung zur universellen Weisheit, die ihnen hilft, andere zu unterweisen und ihnen zu helfen.

Den energetisierten Körper schütteln. Auf der ganzen Welt habe ich Kulturen gefunden, die ihre eigene Methode haben, mit der universellen Lebenskraft zu arbeiten. In der kanadischen Atlantikprovinz Nova Scotia etwa spürt der blinde Micmac-Medizinmann Dave Gehue in seinem Körper auf ganz natürliche Weise die Lebenskraft, die ihn dazu veranlaßt, sich zu schütteln und andere zum Zweck der Heilung zu berühren. Sein Lehrer, der alte Cree-Älteste Albert Lightning, war ebenfalls ein »Schüttler«, d. h. sein Körper wurde von der

Lebenskraft ergriffen. Gehue glaubt, daß die machtvollsten Medizinmänner und -frauen sich immer mit der Lebenskraft schütteln. Er sagte mir: »Ohne Schütteln kein Schamane.«

Ein Körper, der sich schüttelt und mit der Lebenskraft vibriert, ist vielleicht das typischste Zeichen für den ekstatischen Zustand des Schamanismus, der ältesten religiösen Praxis auf Erden. Das Wort *Schamane* stammt aus Sibirien, und Gelehrte haben die These aufgestellt, daß damit ursprünglich der erregte, sich schüttelnde Körper des Schamanen gemeint war. Im zeitgenössischen Schamanismus, in dem die Hauptbetonung auf gelenkten Bildern zur Herbeiführung einer inneren Phantasiereise in andere Sphären liegt, wird dies manchmal vergessen. Für die Schamanen, denen ich auf der ganzen Welt begegnet bin, waren solche »Flüge« nur eine von vielen möglichen Erfahrungen. Für sie ist zentral, daß die Energie bzw. der Geist des Lebens in ihren Körper eingeht, wo er vibriert, kleine Wellen hervorruft und sie schließlich schüttelt.

Egal welches Volk auf der Welt Sie besuchen – seine Art, mit der universellen Lebenskraft zu arbeiten, entdecken Sie am ehesten, wenn Sie einen Medizinmann oder eine Medizinfrau, einen Schamanen, Heiler, Priester oder spirituellen Lehrer finden, dessen Körper sich bewegt und schüttelt, wenn er anderen hilft.

Das Schütteln bei den Ojibway-Indianern. Manchmal wird der sich schüttelnde, energetisierte Körper des Heilers vor den Blicken anderer verborgen. Bei den Ojibway-Indianern in Kanada und im Norden der USA etwa wird eine der kraftvollsten Heilungszeremonien als »schüttelndes Zelt« bezeichnet. Bei dieser Zeremonie betritt ein Medizinmann ein spezielles Zelt: Das Gestänge ist fest im Boden verankert, es ist mit Fellen oder Tüchern bedeckt, von der Spitze hängen Glocken herab, und nach oben hin ist es offen. Wenn der Medizinmann das Zelt betritt, seine Rassel schüttelt und seinen heiligen Gesang anstimmt, beginnt das Zelt, sich heftig vor- und zurückzubewegen, so daß es manchmal so aussieht, als würde es vom Boden wegfliegen. In dieser geistigen Verfassung ist der Medizinmann bereit dafür, hilfesuchenden Mitgliedern der Gemeinschaft spirituelle Ratschläge zu erteilen und sie zu heilen.

Bei der Zeremonie des sich schüttelnden Zeltes läuft gewöhnlich folgendes ab: Der Körper des Medizinmannes ist von Lebenskraft erfüllt, und sein mit Energie aufgeladener Körper bewegt das Zelt mit fast übermenschlicher Kraft. 1942 hat der Anthropologe A. Irving Hallowell beschrieben, was der Medizinmann im Zelt macht:

Im Zelt nimmt der Beschwörende im allgemeinen eine der üblichen Sitzhaltungen ein. Die Knie befinden sich auf dem Boden, das Gesäß liegt auf den Fersen. Es ist die übliche Haltung des Kanuten in seinem Einbaum. Allerdings wird in der Beschwörungshütte [dem Schüttelzelt] der Oberkörper vorgebeugt, bis der Kopf fast den Boden berührt ... Mit der rechten Hand faßt der Beschwörende eine der aufrecht stehenden Stangen nahe am Boden. Er spürt dann sofort »etwas Merkwürdiges«, wie mir gesagt wurde, und die Konstruktion beginnt zu vibrieren.*

Die Yuwipi-Zeremonie der Lakota-Indianer. Bei den Zeremonien der amerikanischen Indianer wird der sich schüt-

---

* Aus A. Irving Hallowell, *The Role of Conjuring in Salteaux Society.* Philadelphia: University of Pennsylvania Press, 1942, S. 42

telnde Körper des Medizinmannes oft den Blicken der Öffentlichkeit entzogen, vielleicht weil sie glauben, daß das Schütteln vom göttlichen Geist und nicht vom Körper des Heilers ausgeht, oder weil man sich einfach scheut, diese wilde Ekstase zur Schau zu stellen. Die Lakota-Indianer nennen eine ihrer heiligsten Zeremonien *Yuwipi*, das heißt »sie binden ihn«. Dabei wird der Medizinmann in einen mit Sternen übersäten Quilt gehüllt, mit Seilen gefesselt und im Dunkeln auf den Boden gelegt. Die Sänger und Trommler rufen die Geister an, während der Körper des Medizinmannes, der der Gemeinschaft nicht sichtbar ist, kräftig geschüttelt wird; dies führt dazu, daß er sich vom Seil befreit, die Rassel schüttelt und sich voll Energie bewegt. Auch hier wird aus Gründen, über die man nur spekulieren kann, der sich schüttelnde Körper des Medizinmannes vor Nichteingeweihten verborgen.

Ich behaupte nicht, daß der Körper aller Medizinmänner, die das »schüttelnde Zelt«, Yuwipi oder andere geisterbeschwörende Zeremonien praktizieren, mit Lebenskraft aufgeladen ist. Aber ich kann sagen, daß alle Heiler, an deren Arbeit ich teilhaben durfte, mir dies berichtet haben und daß auch meine eigene Erfahrung mit diesen Zeremonien dafür spricht. Selbst wenn diese Medizinmänner und -frauen nicht glauben wollen, daß die mit ihrer Arbeit verbundenen Phänomene von einem energetisierten Körper verursacht werden, geben sie zu, daß der Körper sich schüttelt und bewegt, wenn die Geister da sind.

Schütteln in der Kirche. Sie brauchen jedoch kein Indianerreservat aufzusuchen, um zu sehen, wie die Lebenskraft den Körper bewegt. Wenn Sie in den USA an einem Sonntagmorgen in eine von Afroamerikanern besuchte, vom göttlichen Geist erfüllte Kirche gehen, sehen Sie Körper, die genauso vibrieren, tanzen, zittern und sich schütteln wie die Körper bei Heilungszeremonien in Afrika. Ich habe viele dieser Gottesdienste besucht und festgestellt, daß die verwendeten Rhythmen und die Musik auf die Anwesenden die gleiche Wirkung haben wie auf Stammesangehörige in einem afrikanischen Dorf, wo Elefantenhauttrommeln geschlagen werden und die kreischenden Töne der *Sangomas*, der Medizinmänner und -frauen, die Gemeinde zu einer energiegeladenen Ekstase führen.

Energetisierte Körperbewegungen waren früher nicht nur in der afroamerikanischen Kirche zu Hause. Auch die frühen Quäker wurden als »Schüttler« bezeichnet, weil sie bei ihren Gottesdiensten in ein energetisiertes Zittern fielen. Ein Historiker vermerkte, daß ihre Bewegungen so intensiv waren, daß »sich einmal sogar das Haus zu schütteln schien«.

Auch beim Aufkommen des Methodismus wurden, wie John Bessley schreibt, die Körper der Gemeindemitglieder von Energie erfüllt:

Während ich alle Männer ernsthaft dazu aufforderte, auf diese neue und lebendige Weise das Heiligste zu betreten, begannen viele von denen, die dies hörten, Gott mit lauten Rufen und vielen Tränen anzurufen. Andere zitterten und bebten über die Maßen. Einige wurden von krampfartigen Bewegungen in allen Teilen ihres Körpers geschüttelt, so daß ... vier oder fünf Personen sie nicht aufhalten konnten. *

Die englischen *Shaker* (to shake = schütteln) kamen 1780 zum Teil deshalb nach Amerika, weil andere sich unbehaglich

---

* Zit. in Robert Southey, *The Life of Wesley and the Rise and progress of Methodism*. New York, 1847

fühlten, wenn sie die von starker Energie durchströmten öffentlichen Tänze, Schreie und Schüttelbewegungen der Shaker sahen. F. W. Evans, ein im 19. Jahrhundert lebender *Shaker*, schrieb 1859 in einem Handbuch über die Geschichte und die Ausübung ihres Glaubens:

*Wenn sie eine Weile in schweigender Meditation gesessen hatten, wurden sie manchmal von einem heftigen Zittern ergriffen ... Oft gerieten Körper und Gliedmaßen in heftige Bewegung. Sie schüttelten sich, liefen und gingen herum, wozu noch die verschiedensten anderen Auswirkungen und Zeichen kamen, die schnell vergingen und sich ablösten wie Wolken, die ein heftiger Wind bewegt.**

Indianische Shaker. In einer klassischen wissenschaftlichen Abhandlung mit dem Titel *Indian Shakers* berichtet H. G. Barnett vom Kult indianischer »Schüttler« an der Nordwestküste der USA. Sie begannen mit einem spirituellen Schütteln, als 1881 ein vierzigjähriger Indianer aus Puget Sound namens John Slocum krank wurde und im Sterben zu liegen schien. Seine Frau Mary Slocum fing an zu beten und fiel in unwillkürliche Zitter- und Schüttelbewegungen. Zunächst hatte sie das Gefühl, als würde etwas Heißes über ihren Körper strömen und diesen zum Zittern bringen. Als sie ihren Mann berührte, wurde er geheilt, und ihr Schütteln galt hinfort als starke Medizin. Sie hielt dies nicht für ihr eigenes Verdienst und bestand darauf, daß es jedem passieren könnte. Sie demonstrierte dann, wie ihr Schütteln an andere weitergegeben

---

* Zit. in F. W. Evans, *Shakers: Compendium of the Origins, History, Principles, Rules and Regulations, Government, and Doctrines of the United Society of Believers in Christ.* New York, 1859

werden konnte. Es stellte sich heraus, daß das Schütteln wie eine Medizin heilend und vitalisierend wirkte und körperliche und seelische Linderung brachte.

Diese indianischen *Shaker* wurden bekannt, und es gibt sie heute noch. Wenn ihr Körper mit Energie aufgeladen ist und sich schüttelt, haben sie manchmal Visionen, durch die sie verlorene Gegenstände finden, die Zukunft sehen und Todesfälle und Krankheiten vorhersagen können.

Bei ihren Ritualen fallen sie in einen Tanz, der dem Heiltanz der Kalahari-Buschmänner ähnelt. Die indianischen *Shaker* tanzen, bis sie sich schütteln. Der Betreffende legt dann seine vibrierenden Hände auf den Körper eines anderen, genauso wie bei der nachfolgend geschilderten Energiezeremonie der Buschmänner.

Auf der ganzen Welt finden wir Berichte über Menschen, die durch Tänze und Bewegungen ekstatische Zustände erreichen, die sie mit neuem Leben und neuer Vitalität erfüllen. Dies galt auch für die Geisttänzer am Wounded Knee – und die früheren Gnostiker, deren heiliger Tanz ursprünglich von Jesus angeführt wurde.* Ob es die tanzenden Derwische in der Türkei sind, die sich immer wieder um die eigene Achse drehen, um mystische Ebenen zu erreichen, oder das Vor- und Zurückschaukeln der Gläubigen in einer jüdischen Synagoge – es gibt einen natürlichen Prozeß, von dem in der Geschichte des Menschen immer wieder berichtet wird, bei dem die Beteiligten in spontane Bewegungen fallen, die die Tür zu einem energetisierten Körper und ekstatischen Bewußtseinszuständen öffnen.

---

* Siehe Elaine Pagels, *Versuchung durch Erkenntnis. Die gnostischen Evangelien.* Frankfurt a. M.: Suhrkamp, 1987

Der Energietanz der Buschmänner

Ich habe einmal geträumt, ich würde in die Kalahari-Wüste fahren und mit den Buschmännern tanzen, dem ältesten lebenden Volk Afrikas. Innerhalb weniger Jahre wurde mein Traum Wirklichkeit, und ich lebte bei einer Gruppe von Buschmännern in einem abgelegenen Teil der Kalahari-Wüste in der Nähe der südlichen Grenze des Khutse-Nationalparks in Botswana. Dort erlebte ich ihren Heiltanz, fiel in seine Trance und spürte, wie heilende Energie meinen ganzen Körper durchströmte. Ich sprach mit ihren Ältesten und ihren Heilern und lernte von ihren Worten und von ihren heilenden Händen, wie man die Lebenskraft direkt in den eigenen Körper bringen kann.

Die Buschmänner nennen diese spirituelle Energie *num* und halten sie für eine Medizin, die uns heilen und vitalisieren kann. Sie tanzen oft in nächtelangen Zeremonien, um dieses *num* zu erzeugen und im Körper aller Anwesenden zum Fließen zu bringen. Es ist für sie genauso lebensnotwendig wie die Luft, die sie atmen, und die Nahrung, die sie essen. Wenn Sie bei den Buschmännern leben, wird Ihnen schnell klar, daß wir zwar atmen und essen, den Kontakt zur vitalisierenden Ernährung durch die universelle Lebenskraft jedoch verloren haben.

Ich glaube, daß der Heiltanz der Buschmänner die reinste Form des Heilens ist, die man auf der Welt finden kann. Auch viele große afrikanische Heiler – beispielsweise Credo Mutwa, einer der spirituellen Führer der traditionellen Zulus – glauben, daß die vom Heiltanz der Buschmänner ausgehende Energie die stärkste Medizin in Afrika und vielleicht sogar auf der ganzen Welt ist. Anthropologen haben diese ungewöhnlichen Rituale ausgiebig gefilmt, studiert und beschrieben: Männer und Frauen kommen in tiefe, tranceähnliche Bewußtseinszustände und legen ihre vibrierenden Hände auf alle Mitglieder der Gemeinschaft, um sich gegenseitig Energie zu geben. Der südafrikanische Schriftsteller Sir Laurens van der Post beschrieb seine Eindrücke so:

[Sie] gaben sich ihm ohne Vorbehalt, Scham oder Nachdenken hin ... Ich hatte das Gefühl, als wäre das ganze Universum in diesem Augenblick stimmig. Ich hatte noch nie menschliche Stimmen gehört, die so weit zurück in die Vergangenheit reichten, so tief hinab in die Tiefen des Seins. Ich dachte: Das ist der Schrei der Sehnsucht, der Qual, des Begehrens des ersten Menschen auf Erden. Die Musik und die Stimmen erreichten eine Intensität im Körper, die ich nie für möglich gehalten hätte ... Ich kann nur sagen, daß ich mich nie hingegebener und Gott näher gefühlt habe als in diesem Augenblick, und ich war den Tränen nahe wie jemand, der in einem Tempel eine Offenbarung hat.*

Einzigartig bei den Buschmännern ist auch, daß das Heilen nicht auf Eingeweihte beschränkt ist, sondern jedem zur Verfügung steht, der es erleben will. Sie zögern nicht, über ihre Heilmethode zu reden, und laden Sie ein, sich ihrem Tanz anzuschließen und es selbst auszuprobieren. Sie sind vollkommen offen in bezug auf ihre Spiritualität und ihre alte Weisheit, wissen aber gleichzeitig, daß sie über etwas sprechen, das praktisch unmöglich zu beschreiben ist, es sei denn, Sie haben es selbst erlebt.

* Laurens van der Post, *The Creative Pattern in Primitive Africa*, Eranus Lectures, Dallas, Texas, Frühjahr 1957, S. 16–17

Num ist überall. Als ich den Buschmännern zum ersten Mal begegnete, wurde mir gesagt, daß *num*, die heilige Energie des Lebens, überall ist. Es ist in der Erde, in der Luft um uns herum, in dem Feuer, das in der Mitte ihres Heiltanzes lodert, in den lebendigen Rhythmen und Liedern leidenschaftlicher und seelenvoller Musik und in den Bewegungen ihres ekstatischen Tanzes. Wenn wir die erste Regung dieser Energie im Körper spüren, ist dies wie ein Prickeln oder wie das Kräuseln von ein oder zwei Erregungswellen oder wie ein periodisches inneres Summen, das mit unserer Erwartung und der Überzeugung zusammenhängt, daß etwas Wichtiges geschehen wird.

Jeder von uns hat diese innere Regung der Energie schon verspürt – vor einer ersten aufregenden Verabredung oder einem ersten Kuß, zu Beginn eines Meisterschaftsspiels, bei den ersten Noten eines lang erwarteten Konzerts, beim Aufgehen des Vorhangs zur ersten Szene eines brillanten Theaterstücks oder beim ersten Schrei eines neugeborenen Kindes. Diese anregende Energie ist die Energie des Lebens, etwas, das uns durchströmt, wenn wir ganz auf ein Ereignis eingestimmt sind, das unmittelbar unsere Seele berührt.

Wenn ein Buschmann eine solche innere Regung spürt, geht er in sie hinein und erlaubt ihr zu wachsen, so daß die Energie intensiver und stärker wird. Wenn das *num*, die Lebenskraft, sich aufheizt und sich Richtung Siedepunkt bewegt, nähert sich der Tanz der Buschmänner einem Punkt, an dem auch sie nervös werden und sich fragen, ob sie aufs Ganze gehen und zulassen wollen, daß die Energie sie ganz und gar packt. Wenn sie sich ihr hingeben, verstummt das Ich, und sie verlieren sich völlig in dieser Energie. Sie beschreiben dieses völlige Eintauchen ins *num* als eine Todeserfahrung – ein Hinübergehen in einen Zustand, in dem die Lebensenergie –

und nicht die kontrollierende, rationale Stimme ihres inneren Selbst – in Geist, Seele und Körper die Macht übernimmt.

Heilung bei den Buschmännern. Wenn die Buschmänner sich voll auf diese Energie einlassen, werden sie zu reinen Instrumenten der Heilung. Der ganze Körper füllt sich mit *num*, und sie können durch eine Menschenansammlung gehen und die Energie in jeden hineinschicken. Sie tun dies, indem sie ihre energetisierten Hände auf den Körper der anderen legen. Hände, Glieder und der ganze Körper vibrieren in einem Rhythmus von sieben bis acht Schwingungen pro Sekunde. Manchmal schlingen die Heiler ihre Arme und Beine um denjenigen, mit dem sie arbeiten, oder sie legen sich, während ihr ganzer Körper sich schüttelt, längs oder quer über den Körper des anderen, damit er ebenfalls in diesen Schwingungszustand hineinkommt. Bei diesen Bewegungen werden auch die *num*-Lieder in einem Takt von sieben bis acht Schlägen pro Sekunde gesungen.* Durch diese Musik, die voll von improvisierter Komplexität ist, wird Energie erzeugt und in die Luft geschickt, so daß die universelle Lebenskraft auch auf diese Weise übertragen werden kann.

Von einem Buschmann, der mit *num* erfüllt ist, heißt es, er sei in *kia*, einem erweiterten Bewußtseinszustand, der für die Weitergabe der Heilenergie erforderlich ist. In diesem Zustand steht dem Betreffenden die ganze Palette der spirituellen und transzendenten Erfahrungen zur Verfügung. Visionäre Reisen in die Geisterwelt, außergewöhnliche mediale Ereignisse, Feuerlaufen, intuitive Diagnosen, in den Körper

---

* Zuerst beobachtet von N. England, *Music Among the Zu/Wasi of South Western Africa and Botswana*. Dissertation, Harvard University, Cambridge, Mass., 1968

von anderen hineinsehen, vom Lager weit entfernte Ereignisse sehen, das Eintauchen ins spirituelle Licht und die Heilung anderer können stattfinden. Das Erfülltsein von *num*, der universellen Lebenskraft, öffnet die Tür zu einem machtvoll vibrierenden spirituellen Leben, in dem jede bekannte spirituelle Erfahrung möglich ist.

Wer zuläßt, das sein *num* zum Kochen kommt, kann tief in spirituelles Territorium vorstoßen. Der Wechsel in diesen Bereich verlangt, daß man die Angst vor dem Tod hinter sich läßt. Buschmänner betonen manchmal, daß sie tatsächlich – und nicht nur symbolisch, wie wir vielleicht annehmen – sterben müssen, um in diesen Bereich vorzustoßen. Wenn die Seele bei dieser Prüfung alles losgelassen hat, ist sie frei, das spirituelle Universum zu durchstreifen. Sie ist nicht mehr an die Begrenzung durch Verstand und Körper gebunden, sondern augenblicklich mit allen Orten des spirituellen Universums in Kontakt. Durch die aufkochende Energie gelangen die Buschmänner ins Reich der Mystiker und spirituellen Visionäre, die ihren Weg zu den Augen und Ohren des Göttlichen finden.

Man braucht sich jedoch nicht bis zum letzten auf diese Energie einzulassen, um von ihr zu profitieren. Auch bei den Heilungszeremonien der Buschmänner geht nicht jeder in *kia*. Einige stimmen sich nur, um Energie zu erhalten und so ihrem Körper neue Lebenskraft zuzuführen und ihr allgemeines Wohlbefinden zu verbessern. Andere gehen in *kia*, lassen es aber nicht bis zu dem Zustand eskalieren, in dem sie sich auf natürliche Weise bewegt fühlen, andere zu heilen. Nicht alle Buschmänner geben sich dem *num* vollständig hin, und bei jeder neuen zeremoniellen Versammlung fangen sie wieder von vorne an, egal wie oft sie schon dabei waren. Die meisten Buschmänner machen die Erfahrung, voll und ganz in diesen

Energiezustand hineinzugehen, mindestens einmal im Leben, aber nicht alle beschließen, dies regelmäßig zu tun. Die, die es tun, gelten als die Heiler der Gemeinschaft.

Von diesen *num kausi* genannten Meistern des *num* heißt es, sie hätten *num* an der Basis der Wirbelsäule und in der Magengrube. Wenn sie es aktivieren bzw. wecken, schwitzen sie reichlich, wenn das *num* zu kochen beginnt. Dieses Kochen verwandelt das *num* in einen Dampf, der die Wirbelsäule hochsteigt und in die Schädelbasis eingeht, was die *kia*-Erfahrung erzeugt. Ein Buschmannheiler drückte dies so aus: »Das *num* sorgt dafür, daß ich koche und zittere, und schüttelt meine Gedanken aus mir heraus, so daß nur *num* in mir ist. Es bewegt meinen Körper und meine Hände dazu, andere zu berühren, und bringt das *num* in sie hinein.«

Die Heilarbeit der Buschmänner verwendet auch die unglaublichsten spontanen Laute – Schreien, Kreischen, Jammern, Pfeifen, Keuchen, Grunzen, Heulen und andere ohrenbetäubende Geräusche. Diese Töne sind Träger der Lebenskraft, und ihre Schwingungen sind genauso heilend wie das Handauflegen. Wenn der energetisch aufgeladene Heiler seine Hände auf den Körper anderer Menschen legt, können diese Töne regelrecht in den Körper des anderen hineingeschrien werden.

Jeder, der bei einer dieser Zeremonien zugegen ist, wird durch das Pulsieren der Energie automatisch gestimmt und erhält ihre vitalisierende Kraft. Auch die Kleinkinder und Babys der Gemeinschaft werden berührt und von der natürlichen Äußerung der Energie bewegt. Die Buschmänner wissen, daß diese Energie für Gesundheit und Wohlbefinden notwendig ist. Die *num*-Lieder werden außerdem den ganzen Tag über gesungen und umgeben die Alltagsaktivitäten mit vitalisierender Energie.

Die Lebensenergie im Spiegel

Die Buschmänner glauben, daß man diese Energiearbeit nicht in einem Klassenzimmer lernen kann, sondern nur durch Erfahrung. Es ist daher nicht verwunderlich, daß sie sich um die Erhaltung ihres Wissens nicht großartig kümmern und keinen besonderen Wert darauf legen, es ihren Kindern systematisch beizubringen. Dies bedeutet für uns, daß die Lebenskraft selbst Sie lehren wird, wie Sie Vitalität und Heilung finden können.

Das Wissen der Buschmänner um die universelle Lebenskraft und ihre Beziehung zu ihr ist vielleicht mehr im Alltag verankert als bei allen anderen Völkern auf unserer Erde und zeigt uns beispielhaft, wie es ist, ein voll energetisiertes Leben zu leben. Nicht nur, daß jede Woche Heiltänze veranstaltet und den ganzen Tag über energetisierende Lieder gesungen werden; die Buschmänner stürzen sich auch auf jede Gelegenheit, bei der sich ein Energiefunke zeigt. Wenn zum Beispiel ein Paar oder eine Gruppe zusammensitzt und sich unterhält oder Witze erzählt, kann es sein, daß einer plötzlich ein inneres Energieprickeln spürt. Wenn er dieser Energie nachgibt und zuläßt, daß sie zu einem starken Strom wird, hören alle anderen sofort mit dem auf, was sie gerade tun, und rücken näher zusammen, damit die soeben erwachte Energie sich auch in ihren Körper hineinbewegen kann. Es kann sogar sein, daß sie anfangen, ein *num*-Lied zu singen, und den Heiltanz beginnen. Sobald die Energie nachgelassen hat, kehren sie sofort zu dem zurück, was sie vorher getan haben, d. h., sie beenden ihre Unterhaltung oder erzählen den Witz zu Ende.

Auf diese Weise sind Energie und Heilarbeit in jeden Tag verwoben. Es gibt keine besonderen Orte oder Menschen, die die spirituellen und heilenden Aspekte des Lebens regulieren und kontrollieren. Sie sind an nichts gebunden und stehen jedem zur Verfügung.

Der Energietanz der Buschmänner

Wie die Buschmänner die Lebensenergie bewegen. Im Verlauf meines Zusammenseins mit den Buschmännern haben sie mir gezeigt, wie sie die universelle Lebenskraft in den Körper hineinbewegen. Die Energiearbeit beginnt damit, daß sie eine kleine Energiewelle bzw. ein Vibrieren auffangen. Es ist wie beim Angeln: Sie werfen eine Angel mit einem Köder aus, setzen sich hin und warten, bis Sie ein kleines Rucken am Haken spüren. Dann versuchen Sie, den Fisch zu fangen und ihn einzuholen. Bei der Energiearbeit gehen Sie so ähnlich vor: Sie legen einen Köder aus, um ein bißchen universelle Lebenskraft einzufangen, d. h., Sie tun Dinge, die am ehesten ein kurzes Kräuseln oder Prickeln der Energie durch Ihren Körper schicken. Die Buschmänner verwenden Rhythmen, lebhafte Musik, hingebungsvolles Tanzen, spielerisches Necken, Flirten, sexuell angehauchten Humor und spontane, improvisierte Töne und Bewegungen, um sich selbst »Starthilfe« zu geben. Diese Aktivitäten sind wie Köder, die ihnen helfen, eine Energiewelle aufzufangen. Wenn die spielerische Aktivität ihnen ein Energiewellchen zuführt, versuchen sie, es in ihren Körper hineinzubringen, damit es sie mit dem nie endenden Pulsieren der universellen Lebensenergie verbindet. Mit anderen Worten: Sie versuchen, diese Energie einzufangen, damit sie in sie eingehen kann. Vielleicht zutreffender könnte man auch sagen, daß sie eine Situation inszenieren, in der es wahrscheinlich ist, daß sie von der Lebensenergie eingefangen werden. Sie haben dann tatsächlich das Gefühl, als würden ihre leicht sich kräuselnden Wellen sie einfangen, und wenn sie sie einfangen, werden ihre Bewegungen und ihr Handeln automatisch, spontan und mühelos.

Ich erinnere mich noch, wie es war, als ich zum ersten Mal mit den Buschmännern tanzte. Unter dem sternklaren Himmel der Kalahari, umgeben von den vielfältigen Rhythmen des Singens und der klappernden Rasseln, die sie um ihre Knöchel gebunden hatten, spürte ich ganz buchstäblich, wie die Energie des Tanzes mir in die Hüften sprang. Meine Beine und mein Körper wurden ohne Anstrengung bewegt, und der Tanz energetisierte meinen Körper. Als ich tiefer in ihn hineinging, kam ich in einen Zustand, der mit der Sprache nicht zu fassen ist, der aber die magische Bewußtheit hatte, mit der Sie verstehen, was Menschen sich mitteilen, auch wenn Sie deren Sprache nicht sprechen und die Menschen selbst vielleicht gar kein Wort wechseln. In diesem Zustand spürte ich, wie die Lebenskraft in meinem ganzen Körper vibrierte, und ich erlebte aus erster Hand, wie mein Wesen als Mittler oder Hebamme für die Weitergabe dieses Stroms in den Körper anderer Menschen benutzt werden konnte.

Nichts ist ekstatischer, stärkender, belebender und beseligender, als wenn intensive Ströme der Lebensenergie jede Zelle Ihres Körpers erfüllen und Sie sich ohne Beschränkung oder Zwang mit ihr mitbewegen. Ich habe nie aufgehört, mit der Energie zu tanzen, mit der die Buschmänner mich bekanntgemacht haben, und es vergeht selten eine Woche, in der ich nicht in ihre stärksten Strömungen und ihre tiefsten Strudel eintauche.

Die Buschmänner lehrten mich, daß uns im Alltag die unterschiedlichsten Erfahrungen mit der universellen Lebenskraft zur Verfügung stehen. Wir können ein paar Sekunden Pause machen, um unsere Batterien schnell wieder aufzuladen, wir können eine bestimmte Zeit für ein kurzes Stimmen reservieren, das uns wieder mit dem vitalisierenden Strom des Lebens verbindet, oder voll und lange in seine machtvollsten Strömungen eintauchen.

Die Buschmänner lehrten mich auch, wie wichtig es ist, bei dieser Arbeit unbeschwert zu bleiben. Vor jeder Zeremonie necken sie sich und erzählen auch schon einmal sexuelle Witze; dabei lachen sie und bleiben spielerisch und unbekümmert. Wenn die Zeremonie jemanden tief in die Energie hat eintauchen lassen, kann es sein, daß jemand anders wieder mit den Neckereien und den Scherzen anfängt, um durch Komik eventuelle Spannungen abzubauen. Die Ruhepausen der zeremoniellen Arbeit sind von Leichtigkeit erfüllt. Mit Humor und Absurdität werden sowohl das Eintauchen in den Ozean der Lebensenergie als auch das Wiederauftauchen aufgeheitert.

Eine weitere Lektion, die wir von den Buschmännern lernen können, hat mit der Schaffung einer Heilgruppe zu tun, deren Energie über die eines einzelnen Heilers weit hinausgeht. Die Körper der Anwesenden zittern und schütteln sich dann in einem allen gemeinsamen Rhythmus. Die Kombination dieser Schwingungen gleicher Frequenz führt zu einer enorm verstärkten Bewegung der Lebenskraft. Egal ob Sie zusammen singen, beten oder heilen – wenn die Aktivität so koordiniert ist, daß die Bewegungen jedes einzelnen mit denen der anderen im Einklang sind, entsteht ein starker Gruppeneffekt. Dies führt nicht nur dem, der geheilt werden soll, mehr Energie zu, sondern jedem einzelnen Gruppenmitglied.

Die Buschmann-Ältesten bezeichnen das »Erwachen des *num*« als »Erwachen ihrer Herzen«, denn wenn ihre Herzen nicht erwacht wären, wären sie am Wohlergehen anderer nicht so interessiert, daß sie sie heilen wollten. Der Energietanz wird nicht nur veranstaltet, um andere zu heilen und ihnen neue Kraft zu geben, sondern auch, um ekstatische Erfahrungen miteinander zu haben. Jeder kann einen Tanz einberufen, und dieser wird aus keinem anderen Grund stattfinden als dem, nach guter alter Art Spaß und Aufregung zu haben. Aber sobald der Tanz beginnt und die Energie zu kochen anfängt, schweißt der Zweck dieser Energie alle zusammen: das Wohlbefinden aller, die zur Versammlung gekommen sind, zu verbessern. Die, die die Energie einbringen, sind da, um sie an andere weiterzugeben.

Obwohl Anthropologen und Feldforscher versucht haben, die Heilmethoden der Buschmänner auf eine allgemeine Formel zu bringen, habe ich festgestellt, daß die Buschmänner solche theoretischen Verallgemeinerungen weder schätzen noch ihnen viel Aufmerksamkeit schenken. Sie legen Wert auf den improvisierten Charakter ihrer heilenden Energiearbeit. Ich glaube nicht, daß es eine allgemeine Formel für die von den Buschmännern praktizierte Heilarbeit gibt, außer daß sie ihren Ursprung in der universellen Lebenskraft hat und von ihr gesteuert wird. Die Buschmänner bewegen sich so, wie das *num* es ihnen sagt. Sie fallen in eine natürliche Stimmigkeit mit der Lebensenergie, lassen zu, daß sie angeregt wird, und überlassen ihren Körper und ihren Geist dem beseelten, energievollen Ausdruck des Lebens. Das Leben der Buschmänner illustriert die Leichtigkeit, mit der auch wir in diese Bewegungen fallen und von ihnen belebt werden können.

Die Buschmänner und andere traditionelle Völker auf der ganzen Welt können uns etwas Wichtiges lehren. Sie zeigen uns, wie man mit mehr als Brot, Atem und Wasser leben kann. Sie lenken unsere Aufmerksamkeit auf die Quelle des Lebens, den endlosen Fluß der Energie, der jedem Bereich von Körper, Geist und Seele neue Kraft geben kann.

In einer Vollmondnacht in der Kalahari-Wüste fragte Sir Laurens van der Post einmal einen Buschmann, warum sie die ganze Nacht hindurch tanzten. Sein Buschmannfreund sah ihn verblüfft an und sagte: »Von jetzt an nimmt der Mond ab, und wenn wir ihm nicht zeigen, wie sehr unsere Herzen das Mondlicht lieben, wird er ganz verschwinden und nicht zurückkommen, sondern sterben.«* Dieses Bild enthält eine wichtige Lehre: Im natürlichen Zustand der Stimmigkeit öffnet unser Herz sich für das Licht des Lebens. Im Herzen des Lebens werden wir zum Mond und bringen einander Licht. Die Buschmänner sagen: »Du mußt jetzt der Mond sein. Du mußt nachts scheinen. Durch dein Scheinen erhellst du die Dunkelheit für die Menschen, bis die Sonne wieder aufgeht und alle Dinge erhellt.«

Die Traumzeit-Energie der australischen Aborigines

Wenn Sie den Wendekreis des Steinbocks, den Breitengrad, der die Heimat der Buschmänner in der Kalahari-Wüste durchquert, weiterverfolgen, gelangen Sie schließlich geradewegs in die Heimat einer anderen alten Kultur der Welt, nämlich zu den australischen Aborigines. Auch sie wissen seit langem, wie man zur universellen Lebenskraft Zugang findet. In ihren geheimsten Zeremonien lassen sie ihren Körper im Takt der sogenannten »Traumzeit« vibrieren und schwingen.

Die Aborigines glauben, daß die Natur einen Verstand hat, der träumen kann. Sie kommen in dieses Träumen hinein, wenn sie sich so stimmen, daß sie in völligem Einklang mit ihrer natürlichen Umgebung sind. Wenn sie auf die richtige Weise mit der Natur pulsieren, sind sie von der Natur nicht mehr zu trennen, und es wird dann ganz natürlich, mit der Natur zu träumen. In diesem erweiterten Bewußtseinszustand

---

* Laurens van der Post, *The Creative Pattern in Primitive Africa*, Eranus Lectures, Dallas, Texas, Frühjahr 1957, S. 40

haben sie Zugang zu Informationen über Dinge, die außerhalb ihrer sensorischen Wahrnehmung liegen. In unserer Kultur wird ein solches Bewußtsein oft als mediales Talent bezeichnet und für die spezielle Gabe von ein paar Auserwählten gehalten. Bei den Aborigines gilt dieses Bewußtsein als genauso natürlich wie der Anblick eines Kängaruhs, das durch die australische Landschaft springt. Sie wissen, daß unser Geist im Geist der Natur aufgehen kann – was sie als Traumzeit bezeichnen –, wenn wir mit der Lebenskraft mitschwingen.

Als ich eingeladen war, verschiedene Aborigines-Gemeinschaften in einem der abgelegensten Teile Australiens zu besuchen, beobachtete ich, wie sie bei zeremoniellen Tänzen mit den Füßen auf die Erde stampften und sich mit den rhythmischen Schlägen spezieller Stöcke und dem vibrierenden Klang des Didgeridoo bewegten. Ich sah, wie sie in stetig sich wiederholende natürliche Bewegungen hineinkamen und zuließen, daß diese Bewegungen ihr ganzes Wesen ergriffen, was manchmal mehrere Tage und Nächte dauerte. Sie glauben, daß dadurch eine Öffnung zur Traumzeit entsteht, die einen Energieaustausch zwischen dem Tanzenden und der Erde ermöglicht.

Die Aborigines betrachten die Schwingungen der universellen Lebenskraft als eine fließende Energie, die alles Lebende umhüllt. Sie nennen die Lebenskraft *tumpinyeri mooropp*, was als »der lebendige Geist elektromagnetischer Energie«* übersetzt worden ist. Die Aborigines heilen unter anderem dadurch, daß sie ihre energetisierten Hände auflegen. Die Heiler wissen, wie sie sich auf die universelle Lebenskraft einstimmen

---

* Siehe Cyrill Havecker, *Understanding Aboriginal Culture*. Sydney, Cosmos Periodicals, 1987

und deren Energie in ihren Körper bringen können, damit sie sie dann als heilenden Strom an andere weitergeben können. Sie meinen, sie würden sich auf diese Energie so ähnlich einstimmen, wie wir einen Radiosender einstellen.

Die Aborigines glauben, daß sowohl der menschliche Körper als auch die Erde selbst magnetisch gepolt sind. Im Körper etwa ist die linke Seite im allgemeinen negativ geladen, die rechte positiv. Wenn Sie jemanden mit beiden Händen berühren, fließt die Energie daher im allgemeinen von Ihrer rechten zu Ihrer linken Hand. Einige Heiler der Aborigines glauben, daß die Berührung des Körpers mit der rechten Hand (der positiven Ladung) die berührte Stelle energetisiert, während eine Berührung derselben Stelle mit der linken Hand (der negativen Ladung) sie eher entspannt.

Für die Aborigines bestehen zwischen dem Körper und den magnetischen Kräften der Erde Wechselwirkungen, wobei die Energie des Südpols magnetisch positiv, die des Nordpols dagegen negativ ist. Wenn wir mit dem magnetischen Puls der Erde mitschwingen, öffnet sich unser bis dahin eingekapselter Verstand und verbindet sich mit dem größeren Verstand der Natur. Dieser Verstand träumt die Traumzeit, die schöpferische Kraft, die die gesamte Wirklichkeit hervorbringt. Die Aborigines betrachten dies nicht als magisches oder übernatürliches Geschehen, sondern als den natürlichsten Weg, sich als Teil des gesamten Lebens zu erfahren.

William Gilbert, der moderne Begründer der Wissenschaft vom Magnetismus, meint, daß das Magnetfeld der Erde die Seele der Erde ist. Diese Überzeugung hatten die Aborigines schon immer. Sie wissen, daß die Schwingungen ihres Wesens untrennbar mit den Schwingungen der Erde verbunden sind und daß der weiseste Weg zu einem vitalen Leben darin besteht, auf ihre Stimme zu hören.

Die Heiler der Aborigines glauben, daß die Gedanken eines Menschen, der Lebenskraft erhält oder überträgt, positiv sein müssen, um positive Energieströme aussenden zu können. Alle mißtönenden Gedanken, die Angst oder Besorgnis fördern, müssen entfernt werden, denn sonst wird der Energiefluß behindert oder verzerrt. Das Einfließen der Lebenskraft in den Körper wird von den Heilern der Aborigines immer mit großer Freude begrüßt.

Ich habe einmal die Bekanntschaft einer bemerkenswerten älteren Heilerin namens Betty Johnston gemacht, die in Halls Creek lebt, einem Außenposten in Kimberley, dem Hinterland in Nordwestaustralien. Es ist einer der abgelegensten Orte auf der Erde, und die bloßliegenden Sandsteinriffe und insbesondere eine Gegend namens Bungle Bungles erinnern daran, daß Sie an einem extrem alten Ort sind. Die rauhe, brütendheiße Landschaft bildete eine natürliche Barriere gegen Invasionen, so daß die Kimberley-Völker bis etwa 1880 keinen Kontakt zu Europäern hatten. Es ist eines der wenigen Gebiete in Australien, in denen Aborigines wie Betty immer noch auf herkömmliche Weise leben.

Wenn Sie mit Betty zusammen sind, kann sie ihre Hände nicht von Ihnen lassen. Sie ist ständig dabei, Sie zu umarmen, zu küssen und zu berühren und sogar Luft in Sie hineinzublasen. Sie sagt von sich: »Ich heile dich, indem ich es aus dir herausliebe.« Sie erfüllt sich mit Lebensenergie, berührt Sie mit ihrem ganzen Körper und bewegt die Lebenskraft durch Ihr ganzes Wesen, so daß unnötige Blockaden oder Kummer, die innerlich vielleicht festsitzen, beseitigt werden.

Dies ist nicht nur eine körperliche Technik, die uns für eine Stärkung durch das Leben öffnet. Wir müssen uns von Böswilligkeit befreien, unser Herz öffnen und dann auf die Bewegung warten, die uns in die Energie hineinträgt. In diesem

Zustand der Liebe sind wir eher darauf eingestimmt, eins zu sein mit dem Leben und in eine sympathetische Resonanz hineinzukommen, die uns neu belebt.

Betty Johnston sagt, daß sie die Krankheit eines Menschen direkt in ihr eigenes Herz nimmt, aber der Kranke muß glauben, daß er geheilt werden kann. Der Glaube, den sie meint, ist ein Gefühl des Vertrauens, das Sie dafür öffnet, mit ihr in Resonanz zu sein. Wenn Sie dieses Vertrauen haben, lassen Sie die Angst, die Besorgnis, die negativen Gedanken und die Hoffnungslosigkeit los, die Sie blockieren und verhindern, daß Sie die universelle Lebenskraft erhalten. Betty setzt intensiv ihren Körper ein, um andere in Resonanz mit der Lebenskraft zu bringen. »Ich muß dich berühren, um dich zu kennen«, sagt Betty gerne. Ob sie Sie umarmt, Sie mit ihren Händen streichelt, Ihren Körper küßt, Ihnen in den Mund bläst oder Tränen auf Ihren Kopf weint – sie öffnet ihr Herz ganz, um Ihnen im Zentrum der belebenden, heilenden Resonanz zu begegnen.

Der australische Medizinmann, der *wirinum*, hat die Fähigkeit, in einen Schwingungszustand zu kommen, der ihn in die höchsten Ebenen der spirituellen Welt trägt. Dort hat er Zugang zu Informationen, die für Menschen mit gewöhnlichem Bewußtsein unerreichbar sind. Als Leiter der Zeremonie wirbelt der *wirinum* manchmal mit einem flachen ovalen Stock oder einer *gayandi* genannten Rassel herum, die ein surrendes, kreischendes Geräusch erzeugt. Dieses Geräusch ist eine Schwingung, die anderen hilft, in den spirituellen Bereich vorzudringen und mit den Geistern der Vorfahren zu kommunizieren. Das *wirinum* glaubt, daß Gedanken und Klänge Schwingungen erzeugen, die unser Leben beeinflussen. Die Aborigines wissen, daß das Ziel ihrer heiligen Zeremonien darin besteht, mit der Frequenz der Erde zu schwingen. Durch die Erzeugung korrekter Gedankenschwingungen stimmen sie sich auf die spirituelle Kraft des Universums ein und werden davon belehrt, geheilt und verwandelt.

Die Aborigines wissen auch, daß unsere Gedanken, Wünsche, Gefühle und Träume Schwingungsformen sind, die mit Energie aufgeladen und dann verwirklicht werden können. Dies gibt dem, was wir als Gebet betrachten, eine neue Bedeutung. Aufrichtiges Beten ist dann nämlich ein Vorgang, bei dem einem speziellen Gedanken oder Ersuchen Lebensenergie zugeführt wird. Wenn wir beim Beten von Schwingungsenergie erfüllt sind, kann es sein, daß das Gebet die Traumzeit erreicht, wo es die üblichen Begrenzungen von Raum und Zeit überschreitet und sich daraufhin als Teil unserer Realität verwirklicht. Auf diese Weise kann ein Gebet eine heilende Arznei sein. Ein Aborigine kennt die Kraft, die unsere Gedanken haben können, wenn sie mit Energie aufgeladen sind und in die Traumzeit gelangen. Deshalb bekümmert es die Aborigines, wenn Menschen in bezug auf ihre Gedanken, Gefühle und Handlungen sowie ihr Naturverständnis unachtsam sind. Wenn wir auf irgendeiner Ebene unseres Wesens nicht in Harmonie mit der Natur sind, tragen wir dazu bei, die gesamte Ökologie in einen disharmonischen Zustand zu bringen, was ihre Vitalität und ihre Überlebensfähigkeit bedrohen kann.

Die Aborigines respektieren die Sexualität als wichtige Möglichkeit, die Tür zur Lebensenergie zu öffnen. Genau wie die afrikanischen Buschmänner glauben sie, daß wir Sex genauso brauchen, wie wir atmen und essen müssen. Ohne Sex, so meinen sie, werden wir anfällig für Krankheiten und leiden unter fehlender Vitalität. Angemessen geäußerter Sex stellt eine Möglichkeit dar, eine Beziehungsresonanz zu erzeugen, die unseren Körper auf den Hauptstrom der Lebenskraft einschwingt und uns mit belebender Energie erfüllt. Die Aborigines leben in einem Netzwerk genau definierter Verwandtschaftsbeziehungen, und sexuelle Begegnungen außerhalb der gesellschaftlich definierten Grenzen sind verboten. Innerhalb des jeweiligen sozialen Netzwerkes jedoch ist der sexuelle Ausdruck sehr frei. Öffentliche sexuelle Handlungen, die ohne irgendein Gefühl für Sünde oder Scham ausgeführt werden, sind möglich. Es gibt sogar hochentwickelte heilige Rituale, bei denen die Gemeinschaft starke erotische Energie gemeinsam erfährt.

Aufgrund ihres Wissens um die Schwingungsenergiefelder des Lebens haben die Aborigines eine bemerkenswerte Beziehung zu unserer Erde. Sie können die Energien der Erde spüren und erkennen ihre Erschöpfung, wenn sie dem Menschen zuviel hat geben müssen. Sie respektieren die Erde als lebendigen Körper, dem genauso neue Energie zugeführt werden muß wie unserem eigenen Körper. Aus diesem Grund wechselten die alten Aborigine-Völker ihre Lagerplätze oft und blieben selten zweimal am gleichen Ort. Sie wollten das Land nicht erschöpfen.

Sie sagen, daß sie im ganzen Land Energiemarkierungen finden, die die traumzeitlichen Vorfahren hinterlassen haben. Diese »Traumpfade« werden von ihnen auch als »Melodien« der Traumzeit bezeichnet. Die Aborigines glauben, daß sie mit dem »Gedächtnis« dieser Orte in Kontakt kommen, wenn sie mit ihrer Energie kommunizieren, und daß sie ganz von innen heraus das Land spüren und erkennen können. Dies gibt nicht nur ihrer Seele neue Kraft; es stimmt ihr ganzes Wesen darauf ein, mehr mit der natürlichen Ordnung allen Lebens mitzufließen.

Ikuko Osumi, Sensei, und ihre Kunst, mit der Lebensenergie zu arbeiten

Bei meinen Reisen um die Welt hatte ich verschiedene Ansätze kennengelernt, mit der Lebenskraft zu arbeiten, und ich begann mich zu fragen, wie diese belebende Energie Teil unseres Alltags werden und uns genauso frei zur Verfügung stehen kann wie den australischen Aborigenes und den Buschmännern in der Kalahari. Ein Hinweis zur Beantwortung dieser Frage kam von einer der außergewöhnlichsten Heilerinnen unserer Zeit, Ikuko Osumi, Sensei, aus Japan. Ich möchte ihre Geschichte erzählen, um Sie mit einer fast vergessenen Methode der Energiearbeit bekanntzumachen, die mich bei der Ausarbeitung der Autokinetik inspirierte.

Als ich vor Jahren zum ersten Mal von Osumi, Sensei, hörte, hatte ich das Gefühl, sie treffen zu müssen. Ein paar Wochen später erhielt ich die Aufforderung, bei der Jahrestagung der japanischen Psychologen einen Vortrag über Psychotherapie zu halten.* Ich schrieb meinem Gastgeber und bat ihn, mir bei der Suche nach Osumi, Sensei, zu helfen. Ich wußte nicht, wo sie lebte, aber ich meinte, er solle versuchen, Dr. Takeshi Hashimoto zu finden, der Anatomieprofessor an der Medizinischen Hochschule von Toho war. Dr. Hashimoto hatte das Vorwort zu dem Buch von Osumi, Sensei, und Malcolm Ritchie mit dem Titel *The Shamanic Healer: The Healing World of Ikuko Osumi and the Traditional Art of Seiki-Jutsu* geschrieben.

Leider fand mein Gastgeber heraus, daß Dr. Hashimoto vor

---

* Zehntes Jahressymposium des japanischen Verbandes für Familienpsychologie. Tokio, Japan, 30. Oktober 1992

kurzem verstorben war, und er hatte keine andere Möglichkeit zu erfahren, wo Osumi, Sensei, lebte. Dann erhielt ich am Abend vor meiner Abreise nach Japan ein Fax von meinem Gastgeber, in dem stand, sie würden mir mit großer Freude mitteilen, daß sie sie gefunden hätten. Völlig überraschend wohnte sie bei der Universität, an der ich die Rede halten sollte, direkt über die Straße. Sie hatten sich mit ihr in Verbindung gesetzt, und sie war einverstanden, mich zu treffen.

Ich flog nach Tokio, hielt meine Rede und wurde am folgenden Tag zu Osumi, Sensei, geführt. Sie war eine traditionelle, etwa 70 Jahre alte Frau, die den formellen Kimono trug. Als wir uns das erste Mal begegneten, begann sie sofort, auf japanisch auf mich einzureden, so daß der Dolmetscher Mühe hatte zu folgen. Sie schilderte meine Reise um die Welt, beschrieb, wie ich in verschiedene Heilmethoden eingeweiht worden war, und erklärte, jetzt sei es für sie an der Zeit, mir beizubringen, wie all diese verschiedenen Lehren zu einer Wahrheit zusammengeführt werden konnten. Sie sagte mir, ich solle meine Heimreise absagen und bei ihr leben, und sie würde mich *Seiki* lehren, womit sie die universelle Lebenskraft bezeichnete.

Ihre Einladung überraschte und faszinierte mich, und ich beschloß, etwas länger in Japan zu bleiben und mehr über diese außergewöhnliche Frau zu erfahren. Ich zog schließlich in ihr traditionelles Zuhause, wo sie und ihr Assistent Takafumi Okagima mir eine volle *Seiki*-Übertragung gaben. Ich spürte, wie die starken elektrischen Ströme sich durch den Scheitel meines Kopfes bis zur Basis der Wirbelsäule bewegten. Es war derselbe Energiestrom, den ich überall auf der Welt bei Zeremonien erlebt hatte, und er erzeugte die natürlichen Körperbewegungen, die ich von meiner eigenen Arbeit mit dieser Energie kannte. Als ich mit ihr zusammenlebte, erzählte sie mir die Geschichte ihres Lebens und lehrte mich, was sie über Seiki wußte. Sie betonte, man müsse ein leeres Gefäß werden, damit die Energie ohne Ablenkung durch einen hindurchfließen könnte. Ich zeigte ihr einen Dokumentarfilm des Harvard Peabody Museum über den Heiltanz der Buschmänner. Sie freute sich zu sehen, wie sie »*Seiki* übertrugen«, und meinte, ihre eigene Arbeit sei im Grunde dieselbe wie die, die unter dem sternenklaren Himmel der Kalahari ausgeübt wird. Von Osumi, Sensei, lernte ich, was ich von spirituellen Lehrern, Schamanen, Heilern und Medizinmännern und -frauen auf der ganzen Welt gelernt hatte, zu einer Einheit zusammenzufügen, und ich verschrieb mich der Aufgabe, anderen zu zeigen, wie sie mit Hilfe der Lebenskraft ihrem Dasein neue Energie zuführen können.

Seiki ist ein altes japanisches Wort für Lebenskraft, und *Seiki-jutsu* ist die Kunst, mit dieser Kraft zu arbeiten. Ikuko Osumi, Sensei, ist eine von lediglich einer Handvoll Leuten auf der ganzen Welt, die Meister des *Seiki-jutsu* sind. Von vielen großen Künstlern, Lehrern, Geschäftsleuten und alten japanischen Familien wird sie als Heilerin verehrt, und sie sieht den Sinn ihres Lebens darin, anderen *Seiki* zu geben.

Die Arbeit von Ikuko Osumi, Sensei, geht über die Heilung von Symptomen und Krankheiten hinaus. Sie hat auch die Fähigkeit, die Lebenskraft in andere hineinzubewegen und sie zu lehren, wie sie sie täglich stärken können. Dieser Aspekt ihrer Arbeit ist für jeden, der eine praktische Methode sucht, mehr Energie und Vitalität in sein Alltagsleben einzubringen, ausgesprochen interessant. Ihre Lebensgeschichte zeigt, daß ihre Art, mit der Lebenskraft zu arbeiten, uns einer einfachen, praktischen Technik der Selbstenergetisierung näherbringt.

Ikuko Osumi wurde 1917 in der Stadt Gamo geboren und

wuchs an einem Küstenlandstrich etwa 300 Kilometer von Tokio auf. Es war ein ruhiger Ort, in dem der Großteil der Bevölkerung aus Fischern und Bauern bestand. Als Kind stand sie gerne auf einer kleinen Anhöhe namens Hiyori, hörte dem Wind zu und beobachtete die Tiere. Dort lernte sie die Rhythmen der Natur kennen und beobachtete, wie Tiere für sich sorgen, wenn sie krank sind, und wie Pflanzen und Tiere sich in Reaktion auf das Wetter verändern. Sie war ein ungewöhnliches Kind, das oft das Geschlecht eines Babys kannte, bevor es geboren war, und das den Fischern das Wetter vorhersagte. Die ortsansässigen Fischer lebten von ihrem Wort, und wegen ihrer Hellsichtigkeit und ihrer Intuition wurde sie in der ganzen Gegend bekannt.

Als sie zwischen zehn und zwanzig war, zog sie nach Tokio und lebte bei einer Tante und einem Onkel. Wegen all der Veränderungen in ihrem Leben wurde sie sehr krank und sprach auf keine medizinische Behandlung mehr an. Aus Verzweiflung versuchte die Tante schließlich, etwas für die immer schlechter werdende Gesundheit ihrer Nichte zu tun. Osumi, Sensei, beschrieb mir, was während dieser Zeit ihres Lebens geschah:

Eines Nachmittags rief meine Tante mich ins Wohnzimmer und wies einen der Diener an, Tee zu bringen.
»Ikuko«, sagte sie in ihrer etwas brüsken Art, »ich will, daß du mir zuhörst. Es gibt etwas, das ich dir sagen will.«
Sie hielt inne und sah mich direkt an, und ich schlug die Augen nieder.
Sie beugte sich vor. »Jeden Tag um drei Uhr schließe ich mich, wie du inzwischen wahrscheinlich weißt, im Dreimattenraum ein«, sagte sie, ohne die Augen von mir zu wenden. »Die Übungen, die ich mache, werden Seiki-

Übungen genannt. Ich habe nicht vor, dir jetzt Seiki zu erklären oder auszuführen, um welche Übungen es sich handelt. Ich will dir nur sagen, daß Seiki das einzige ist, das ich kenne, was dich möglicherweise noch heilen kann, wenn du überhaupt wieder gesund wirst.
Wenn du genau das tust, was ich sage«, fuhr sie kurz darauf fort, *»bin ich sicher, daß ich dich heilen kann. Bist du bereit, es zu versuchen?«*
Was sollte ich sagen? Ich nickte, ohne wirklich etwas zu verstehen oder mir überhaupt Gedanken zu machen. Im »Seiki-Raum«, wie sie den Raum oben nannte, sagte sie mir, ich solle mich auf einen Hocker setzen. Sie bewegte sich hinter mir, und ich konnte nicht sehen, was sie machte. Ich erinnere mich, daß mein Körper sich nach einer Weile endlos wiegte. Ich brachte die Bewegung mit meiner damaligen Benommenheit in Verbindung. Die Bewegung schien jedoch meiner Tante zu gefallen. Sie sagte, ich hätte jetzt Seiki in mir.
Am nächsten Tag im Wohnzimmer sprach sie über die Fortsetzung der Seiki-Übertragung. »Ich möchte, daß du dich mindestens einmal täglich für 10 bis 20 Minuten auf den Hocker im Seiki-Raum setzt. Leg die Fingerspitzen zusammen, wenn du dich hinsetzt«, sagte sie, »und führe sie an die Augen. Drücke die Kuppe von Mittel- und Ringfinger gegen die Augenlider. Warte einfach ab und sieh, was passiert.«
Für mich hörte sich das ziemlich unsinnig an, aber da meine Tante besorgt um mich schien, ging ich gehorsam in den Dreimattenraum und setzte mich auf den Seiki-Hocker. Ich legte meine Finger zusammen, wie meine Tante es mir gezeigt hatte, und berührte meine Augen.
»Laß sie eine Weile dort«, hatte sie gesagt, und also ließ ich

sie dort. Nichts geschah, und ich kam mir ziemlich albern vor, aber dann... merkwürdig... ich stellte fest, daß ich mich irgendwie langsam im Kreis bewegte, eine Runde und noch eine Runde, von der Hüfte an, genau wie am Tag zuvor, als meine Tante mir Seiki übertragen hatte. Überrascht ließ ich die Hände seitlich herabfallen und öffnete die Augen. Mein Oberkörper bewegte sich weiter im Uhrzeigersinn. Ich hatte diese Bewegung nicht bewußt in Gang gesetzt.

Zuerst war ich bei dieser ungewöhnlichen, sich selbst in Gang haltenden Bewegung vorsichtig, aber dann wurde ich neugierig und ließ zu, daß sie mich immer weiter im Kreis bewegte. Es war eine sehr angenehme Empfindung. Meine anfängliche Besorgnis verging, und ich ließ mich die 20 Minuten bewegen, von denen meine Tante gesprochen hatte. Dann beschloß ich, daß ich besser aufhören sollte. Ich beendete die wiegende Bewegung durch meinen eigenen Willen.

»Na, wie war's?« fragte meine Tante, als ich die Treppe hinunterkam. Ich erzählte ihr genau, was geschehen war. Sie schien sehr zufrieden und sagte mir, daß ich das nächste Mal, wenn ich Seiki machen würde, meinen Körper an verschiedenen Stellen mit den Händen berühren und ihn reiben und klopfen sollte, und zwar immer da, wo Seiki mir sagte, wo ich meine Hände hinlegen sollte. Diese Worte waren tatsächlich ziemlich seltsam, aber als die Tage vergingen, begann ich zu verstehen, was sie gemeint hatte.

»Ist das Seiki?« fragte ich mich verwundert, als eine Kraft tatsächlich meine Hand zu meinem Herzen oder meinen Augen, am häufigsten aber zur Lunge zu ziehen schien. Es war seltsam, ja, aber ich begann, einen Schimmer der Kraft zu erahnen, die meine Tante mir übertragen hatte.

Als die Tage zu Monaten wurden, stellte ich fest, daß es mir körperlich und seelisch besser zu gehen begann. Ich begann auch zu denken, daß ich jemand wie meine Tante werden könnte, jemand, der anderen Seiki überträgt. So könnte ich anderen helfen, wieder gesund zu werden ... Ich verschrieb mich dem Ziel, Seiki zu meinem Beruf zu machen.

Ikuko Osumi erhielt 1935 von ihrer Tante *Seiki*, und dies war der Wendepunkt ihres Lebens. Sobald sie von *Seiki*, der universellen Lebenskraft, erfüllt war, konnte sie sie bei ihren täglichen Übungen benutzen, die aus natürlichen Bewegungen ihres Körpers bestanden. Es war die tägliche Stärkung dieser Lebensenergie, die ihr Gesundheit und Wohlbefinden brachte. Als sie in ihr zur Reife gelangte, kamen andere Vorteile zum Vorschein. Sie stellte fest, daß ihr Körper sich getrieben fühlte, den Körper anderer Menschen zu berühren und energetisch aufzuladen. So wurde Osumi, Sensei, zur *Seiki*-Meisterin – indem sie *Seiki* in ihrem eigenen Körper nährte und lernte, seinem Ruf und dem Ruf anderer Körper zu lauschen.

Osumi, Sensei, glaubt, daß das *Seiki* in der Atmosphäre, die einen Menschen umgibt, verstärkt und in die Form eines Wirbels gebracht werden kann. Sie weiß, wie sie die Kraft dergestalt konzentrieren und dann auf ihre Patienten richten kann. Wenn sie eine volle *Seiki*-Übertragung gibt, legt sie ihn auf eine Holzbank, die extra zu diesem Zweck hergestellt wurde. Sie betrachtet das Kreuzbein – die Basis der Wirbelsäule – als die Stelle, an der *Seiki* schließlich zur Ruhe kommt und sich festsetzt; deshalb entspannt sie vor der Übertragung diesen Bereich des Körpers.

Wenn sie sich für die Energieübertragung bereit macht, spürt sie, wie *Seiki* aus allen Richtungen zusammenkommt und einen starken Strom bildet. Sie zieht diese Energie an und sammelt sie, indem sie mit ihrer Stimme spontane, laute Geräusche erzeugt und krachend gegen die Wand schlägt. Sie fällt dann in einen besonderen Bewußtseinszustand, in dem sie keinen Unterschied zwischen Körper und Geist spürt und anschließend »im Körper ihres Klienten versinkt«, wie sie sagt. Wenn der Zeitpunkt sich richtig anfühlt, legt sie die Hände über den Kopf des anderen und läßt zu, daß die angesammelte Energie auf natürliche Weise in seinen Körper fließt. Das *Seiki* bewegt sich durch den Scheitel des Kopfes in den Empfangenden; dies fühlt sich manchmal wie ein leichter elektrischer Schlag an. Das *Seiki* fließt langsam den Nacken und die Wirbelsäule hinunter und kommt schließlich im Kreuzbein (Sacrum) zur Ruhe. Der Patient fängt zu diesem Zeitpunkt im allgemeinen an, sich vorwärts und rückwärts zu bewegen, und dieses Wiegen gilt als Zeichen dafür, daß er *Seiki* erhalten hat. Bei diesem Vorgang haben Geber und Empfangender das Gefühl, als wären sie ein einziger Körper, und sie bringen zusammen eine natürliche rhythmische Bewegung hervor. Der Zeitpunkt für die *Seiki*-Übertragung ist bei jedem anders, genauso wie die entstehenden Rhythmen und Bewegungen.

Ich durfte dabeisein, wenn Osumi, Sensei, mit ihren Klienten arbeitete, und sie erlaubte mir, sie zu befragen und zu hören, wie *Seiki* ihr Leben beeinflußt hatte. Ich beobachtete sie, wie sie ihnen vermittelte, wie sie die Lebenskraft in ihren Körper bringen können, und daß diese tägliche Übung sie gesund und vital machen würde. Zu ihren Klienten gehörte der Direktor des staatlichen Noh-Theaters und der bekannte Wissenschaftler Dr. Toshi Doi, der die CD erfunden hat und jetzt ein Labor zur Untersuchung der Lebenskraft hat.

Osumi, Sensei, nahm mich zur Sony-Zentrale mit, um Dr. Toshi Doi kennenzulernen. Er erzählte mir, daß die wissenschaftliche Messung von *Ki* bzw. *Seiki* der größte Beitrag der Wissenschaft zum nächsten Jahrhundert sein würde. Obwohl verschiedene Nobelpreisträger an diesem Problem gearbeitet hatten, meinte er, es würde noch mindestens zehn Jahre dauern, bis die Lebenskraft gemessen, wissenschaftlich bestätigt und mathematisch so ausgedrückt werden könnte, daß die Wissenschaft sie akzeptieren würde. Er war der Ansicht, der Arbeit von Einstein würde der *Ki*-Faktor fehlen, und die Einführung dieses Begriffes in seine Gleichungen würde zu paradigmaverändernden wissenschaftlichen Durchbrüchen führen.

Ein paar Jahre nach meinem ersten Besuch in Japan kam Osumi, Sensei, zu mir in die USA und beobachtete, wie ich mit Dutzenden von Leuten Energiearbeit machte, unter anderem mit ihrer eigenen Tochter Masako, die als Künstlerin in Tokio lebte, sie aber jetzt auf ihrer Reise begleitete. Sie bat mich dann, ihr bei der *Seiki*-Übertragung an meinen elfjährigen Sohn zu assistieren. Wir sammelten die Lebenskraft über seinem Kopf, und ich konnte tatsächlich spüren, daß sie zu einer sahnebonbonähnlichen Substanz wurde, zu etwas, das berührt und über seinem Kopf ausgebreitet werden konnte. Bei der Übertragung begann sein Körper sich zu wiegen und sich natürlich zu bewegen.

Über ein Jahr später schickte Osumi, Sensei, mir ein Fax, in dem stand, sie müsse sofort in die USA zurückkommen. Sie hätte etwas zu sagen, das persönlich mitgeteilt werden müßte. In der nächsten Woche kamen sie, ihre Tochter und ein Freund der Familie an, und als wir zu einer Mahlzeit zusammenkamen, erzählte sie, wie sie ihr Leben zum ersten Mal der Ausübung von *Seiki-jutsu* verschrieben hatte. Damals ging sie zum Schrein eines Vorfahren und erhielt ein Stück Holz, auf das sie ihren Namen und ein persönliches Gelöbnis schrieb.

Sie wußte, daß sie dieses Stück Holz irgendwann einmal ihrem Nachfolger geben würde. Während des Erzählens machte sie eine Pause, bückte sich, um ein Stück Holz aus ihrer Tasche zu ziehen, und gab es mir mit den Worten: »Ich habe auf dieses Stück Holz deinen Namen neben meinen geschrieben. Du sollst jetzt jedem sagen, wie er *Seiki*, die universelle Lebenskraft, in seinen Alltag einbringen kann.«

Die Zukunft der Energieheilung

Alle mystischen Methoden auf der ganzen Welt scheinen den spirituell beflügelnden Beitrag einer direkten Begegnung mit der Lebenskraft entdeckt zu haben. Zu diesen spirituellen Traditionen gehören nicht nur die hier besprochenen, sondern auch Kelten, Griechen, Tibeter, Hawaiianer, Kabbalisten, frühe Gnostiker, Freimaurer, Theosophen und Lateinamerikaner, um nur ein paar zu nennen. Gegenwärtig findet die Arbeit mit dieser Energie in ein paar westlichen Psychotherapieschulen und speziellen Formen der Körperarbeit und des Bewußtseinstrainings statt. Einige von ihnen gehen auf die Arbeit des Psychotherapeuten Wilhelm Reich zurück, der die Lebenskraft als »Orgon-Energie« bezeichnete und feststellte, daß sich Gesundheit und Wohlbefinden einstellen, wenn diese Energie im Körper aktiviert und anschließend geäußert wird.

Andere westliche Methoden, die dazu beitragen, den Fluß der Lebenskraft in Gang zu setzen, etwa Rolfing und Polaritytherapie, wurden durch die praxisorientierten Methoden der Osteopathie beeinflußt, die von dem Arzt Dr. Andrew Still Mitte des 19. Jahrhunderts begründet worden war. Die ursprüngliche Form der Osteopathie war eine echt hippokratische Heilmethode, die darauf beruhte, daß der Körper berührt und bewegt wurde. Die Justierung der Knochen, das bekannte Knacken, das klassische Osteopathen und Chiropraktiker auslösen, führt zu einem sofortigen Energiefluß im Körper. Er findet statt, wenn der Raum zwischen den Knochen verschoben wird; der Körper fühlt sich dann einen Augenblick an, als wäre er in einer Art schwerelosem Raum. Diese kurze Erfahrung verschafft dem Patienten eine Begegnung mit dem Fluß der Lebenskraft.

Im Grunde liegt allen Therapien, die mit Körperbewegungen arbeiten, von der Osteopathie bis zu Rolfing, Alexandertechnik und Feldenkrais, diese Einführung in die universelle Lebenskraft zugrunde. Ohne es zu wissen, haben diese westlichen Methoden dieselbe allgemeine Wahrheit gefunden wie andere Heiltraditionen auf der ganzen Welt. Ich bin überzeugt, daß die Geschichte zeigen wird, daß die frühen Entdeckungen der Osteopathie und mit ihr verwandter Methoden zu den wichtigsten Beiträgen der westlichen Kultur zur Heilkunst gehören. Der führende zeitgenössische Körperphilosoph, Don Hanlon Johnson, betont, daß die »Erfindung« der verschiedenen Körpertherapien ihren Ursprung in spontanen Bewegungen ihres Urhebers hat, die sehr leicht erstarren, wenn sie normiert und anderen mit Zwang vermittelt werden. Die vielversprechende Zukunft der Körperarbeit liegt eher in einer Rückkehr zu elementaren, natürlichen Bewegungen, die mühelos und spontan geschehen. Diese Bewegungen, die mit unseren inneren Rhythmen zusammenhängen – in den Zellen, Nerven und Muskeln, im Kreislauf und im Lymphsystem, in der Peristaltik und in der Atmung – führen dazu, daß wir auf der ursprünglichsten Ebene des Bewußtseins und des Seins bewegt werden. Dies ist das Kernstück und die Seele aller traditionellen Heilmethoden und auch der Autokinetik.

Ich möchte auch die Pionierarbeit von Dr. David Akstein erwähnen, einem der anerkannten Begründer der medizinischen Hypnose in Brasilien. Er untersuchte die Heilungsrituale traditioneller Völker, vor allem die wilden Tanzrituale der südamerikanischen Umbanda-Religion. Seine Forschungen führten zur Entdeckung einer speziellen Tranceart, die er »kinetische Trance« nannte; sie entsteht durch die Bewegungen des Körpers bei zeremoniellen Tänzen. Diese Trance gleicht dem, was ich in der Autokinetik als »Einstimmungszone« bezeichnet habe.

Dr. Akstein hat mich mit seiner Arbeit bekannt gemacht, und ich ihn mit meiner. Er ist ein begeisterter Befürworter dessen, was ich Ihnen hier vorstelle. Da wir beide von traditionellen Heilern gelernt und Methoden ausgearbeitet haben, um mit Hilfe spontaner Körperbewegungen heilende Bewußtseinszustände zu erzeugen, nennt Dr. Akstein mich seinen »spirituellen Sohn«.

Dr. Andrew Weil widmet in seinem Bestseller *Heilung aus eigener Kraft* ein Kapitel dem bemerkenswerten Heiltalent von Dr. Robert Fulford, dem herzlichen und fürsorglichen Osteopathen, der wußte, wie er die Lebenskraft im Körper der Menschen in Bewegung setzen konnte. Dr. Weil schrieb das Vorwort zu Dr. Fulfords Buch über die natürliche Lebenskraft und verkündete: »Wenn die Medizin wieder in Übereinstimmung mit den großen Heiltraditionen kommen und die Bedürfnisse und Wünsche derjenigen befriedigen will, die krank sind, muß sie die Wahrheiten wiederfinden, die Bob Fulford ausspricht.«

Dr. Fulford und ich waren Freunde und Kollegen. Als er 91 Jahre alt war, hatten wir mehrmals Gelegenheit, einander zu berühren und die Lebenskraft auszutauschen. Er war begeistert von der Autokinetik und fasziniert von der Einfachheit, mit der sie die Lebenskraft in den Alltag einbringen kann.

Dr. Fulford starb am 26. Juni 1997. Ich beende dieses Buch mit einem speziellen Dank an die sanfte Weisheit und die heilende Kraft, die dieser liebevolle Arzt der Welt gab. Er war eine echte Inspiration für mich, und er wollte, daß jeder weiß, wie die Lebenskraft Körper, Geist und Intellekt vitalisieren kann. Mit seiner speziellen Ermutigung und Billigung war ich noch stärker motiviert, dieses Buch zu schreiben.

Während die Wissenschaftler weitere Bestätigungen für die positiven Ergebnisse des Energieheilens präsentieren, müssen wir selbst die Wohltaten entdecken, die sich einstellen, wenn wir uns mit der Lebenskraft bewegen. Dr. Robert Becker, Autor von *Der Funke des Lebens* und Professor für Orthopädie am Upstate Medical Center in Syracuse, New York, meint: »Später wird es als die wichtigste Entdeckung des 20. Jahrhunderts beurteilt werden, daß der menschliche Organismus für elektromagnetische Felder sensibel ist, daß er seine eigenen elektromagnetischen Felder produziert, daß elektrische Ströme durch den Organismus fließen und daß wir so Teil der Lebensprozesse im ganzen Kosmos sind.«

Diese Entdeckung haben alle traditionellen Völker auf der ganzen Welt seit Beginn der menschlichen Geschichte gemacht. Wir sind einfach die letzten, die von der Lebensenergie erfahren. Vielleicht hängt unsere größte Hoffnung für die Zukunft nicht nur davon ab, daß wir die Kraft erkennen, die das Leben darstellt, sondern daß wir lernen, wie wir diese Kraft in unseren Körper bringen können. Denn wenn wir dies tun, kommen wir dem Leben als solches näher. Diese neu gefundene Vertrautheit mit der Natur wird uns, so glaube ich, auch einander näherbringen. Dann können wir zum Rhythmus des Herzens der Erde unter dem Licht eines Mondes tanzen, der unseren erwachten Seelen seine Geheimnisse zuflüstert.

Literaturempfehlungen

Becker, Robert O.: *Der Funke des Lebens. Heilkraft und Gefahren der Elektrizität.* Piper, 1994

Benson, Herbert: *Heilung durch Glauben. Selbstheilung in der neuen Medizin.* Heyne, 1997

Brennan, Barbara Ann: *Licht-Arbeit. Das große Handbuch der Heilung mit körpereigenen Energiefeldern.* Goldmann, 1997

Bruyere, Rosalyn L.: *Chakras, Räder des Lichts. Eine Einführung.* Synthesis, [3]1996

Dossey, Larry: *Wahre Gesundheit finden. Krankheit und Schmerz aus ganzheitlicher Sicht.* Droemer-Knaur, 1991

Erickson, Milton H.: *Gesammelte Schriften, Bd. 1: Vom Wesen der Hypnose.* Hrsg. v. Ernest L. Rossi. Carl-Auer-Systeme, 1995

Ford, Clyde W.: *Wo Körper und Seele sich begegnen. Somatosynthese – ein neuer Weg der Heilung.* Verlag für angewandte Kinesiologie, 1991

Herrigel, Eugen: *Zen in der Kunst des Bogenschießens.* O. W. Barth, [21]1983

Krieger, Dolores: *Therapeutic Touch – Die Heilkraft unserer Hände.* Hermann Bauer, 1995

Lawlor, Robert: *Am Anfang war der Traum. Die Kulturgeschichte der Aborigines.* Droemer-Knaur, 1993

Mookerjee, Ajit: *Kundalini. Die Erweckung der inneren Energie.* Origo, 1984

Myss, Caroline: *Geistkörper-Anatomie. Die sieben Zentren von Kraft und Heilung.* Droemer-Knaur, 1997

Pagels, Elaine: *Versuchung durch Erkenntnis. Die gnostischen Evangelien.* Suhrkamp, 1987

Sanella, Lee: *Kundalini-Erfahrung und die neuen Wissenschaften.* Synthesis, ²1994

Weil, Andrew: *Heilung aus eigener Kraft.* Goldmann, 1997

GOLDMANN

*Das Gesamtverzeichnis aller lieferbaren Titel erhalten Sie
im Buchhandel oder direkt beim Verlag.*

Taschenbuch-Bestseller zu Taschenbuchpreisen
– Monat für Monat interessante und fesselnde Titel –

✻

Literatur deutschsprachiger und internationaler Autoren

✻

Unterhaltung, Thriller, Historische Romane
und Anthologien

✻

Aktuelle Sachbücher, Ratgeber, Handbücher
und Nachschlagewerke

✻

Esoterik, Persönliches Wachstum und
Ganzheitliches Heilen

✻

Krimis, Science-Fiction und Fantasy-Literatur

✻

Klassiker mit Anmerkungen, Autoreneditionen
und Werkausgaben

✻

Kalender, Kriminalhörspielkassetten und
Popbiographien

Die ganze Welt des Taschenbuchs

Goldmann Verlag · Neumarkter Str. 18 · 81673 München

Bitte senden Sie mir das neue kostenlose Gesamtverzeichnis

Name: _____

Straße: _____

PLZ / Ort: _____